インプレスR&D［NextPublishing］

技術の泉 SERIES
E-Book / Print Book

エッジコンピューティングデータプラットフォーム

Couchbase Mobile

ファーストステップガイド

JN045742

河野 泰幸 | 著

Java

Kotlin

Swift

Objective-C

C#.NET

C/C++

impress
R&D
An impress
Group Company

モバイルNoSQLによる
オフラインファーストアプリの実現！

技 術 の 泉
SERIES

目次

まえがき

本書の題名について

「Couchbase Mobile」とは、単体のソフトウェアを指す言葉ではなく、Couchbase Lite と Sync Gateway を包含する呼称です。Couchbase Lite は、NoSQL ドキュメント指向モバイル組み込みデータベースです。Sync Gateway は、Couchbase Lite と Couchbase Server とのデータ同期を行うサーバーソフトウェアです。

また、「エッジコンピューティングデータプラットフォーム」については、エッジ端末におけるデータ管理に加え、エッジ上のデータとクラウド/中央データセンターのデータベースとの間の双方向のデータ同期機能を提供するプラットフォームという意味で使われています。

なお、書名としては語句が重複するため避けましたが、「モバイル/エッジコンピューティング〜」とする方が実情をうまく表しているため、本文中ではこの表現を用いています。

最後に、「エッジ」という言葉について補足します。IoT(Internet of Things) 隆盛の中、「エッジ」は、IoT デバイスの同義としても使われていますが、「エッジコンピューティング」というとき、それは「クラウドコンピューティング」への対比としての意味を持ちます。その意味で「エッジ」という言葉は、モバイルや IoT デバイスのみならず、クラウド/中央データセンターに対する、「エッジ」データセンターという文脈でも用いられます。

本書の構成

本書は表現や内容、あるいは直接的に想定されている読者層について、傾向の異なるいくつかの部分からなります。

この「まえがき」に続く「プロローグ」は、二人の登場人物の対話の形式で書かれています。ここでは、Couchbase Mobile について、はじめてその名前を聞くという人を想定し、他のデータベースとの比較を行いながら紹介しています。

プロローグに続き、第1章は Couchbase Mobile の存在意義を伝えることを目的としています。

第2章から第12章は、Couchbase Lite を組み込みデータベースとして利用する際の基本的な情報を提供しています。第2章と第3章で Couchbase Lite の基本機能について解説した上で、第4章にて各種プログラミング言語で Couchbase Lite を利用する方法を説明しています。その後、Couchbase Lite を使ってアプリケーションを開発するための情報を提供するいくつかの章が続きます。なお、第4章や第9章、第12章のように、個別のプログラミング言語に関する内容を扱っている章以外では、機能の解説やサンプルコードのために Android Java を用いています。

第13章から第20章は、Sync Gateway についての解説に充てられています。

第21章は、Couchbase Mobile を、Couchbase Server クライアントアプリケーションと共に利用するケースについて解説しています。

第22章から第27章は、Couchbase Lite と Sync Gateway のデータ同期について、機能、内部機構から、設計や環境構築まで横断的な内容を扱っています。特に第27章では、Couchbase Mobile の

全体を体験することができるよう、サンプルアプリケーションを用いて、環境構築から操作までを、演習形式で解説しています。

最後の第28章では、それまでの内容を踏まえて、実際の開発に進む際に参考とすることのできる情報を紹介しています。

本書の記述対象

本書の記述内容は、Couchbase Mobile 3.0を対象としています。[1]

Couchbase Mobileは、エンタープライズエディションとコミュニティーエディションの、ふたつの形態でバイナリが提供されており、その基盤としてオープンソースプロジェクト[2]が存在しています。本書の記述は、基本的にコミュニティーエディションに基づきます。加えて、エンタープライズエディション独自の機能についても適宜紹介しています。[3]

リポジトリーについて

本書中に掲載しているサンプルコード等を以下のURLで公開しています。また、本書に関する情報共有のために、必要に応じ、このリポジトリーを更新する予定です。

https://github.com/YoshiyukiKono/Couchbase_Mobile_First_Step_Guide.git

表記関係について

本書に記載されている会社名、製品名などは、一般に各社の登録商標または商標、商品名です。会社名、製品名については、本文中では ©、®、™マークなどは表示していません。

免責事項

本書の文責は著者にあり、所属する組織とは関係ありません。

また、本書に記載された内容は、情報の提供のみを目的としています。正確かつ適切な情報を届けるため配慮を尽くしていますが、本書の内容の正確性、有用性等に関しては、一切保証するものではありません。したがって、本書の情報を用いた開発、運用、コンサルティング等、いかなる実践も必ずご自身の責任と判断によって行ってください。本書の情報を参照した行為の結果について、著者はいかなる責任も負いません。

1. 3.0 リリース以前に発表されたブログから、現在でも有益と考えられる情報を紹介している箇所があります。
2. https://developer.couchbase.com/open-source-projects/
3. また、第 27 章で紹介しているサンプルアプリケーションでは、エンタープライズエディション環境を利用しています。

底本について

　本書籍は、2022年1月に開催された技術系同人誌即売会「技術書典12」で頒布された「エッジコンピューティングプラットフォーム Couchbase Mobile ファーストステップガイド」を底本とし、2022年2月にリリースされた Couchbase Mobile 3.0 にあわせた内容の更新を行った他、全面的に改訂しています。

プロローグ: モバイル/エッジデータベース選択を巡る対話

「先輩、すみません。少しお時間いただけますか？相談に乗ってもらいたいことがあるのですが」

「もちろん。どんな相談ですか？」

「実は、今後のモバイルアプリケーション開発で使う、組み込みデータベースの選択肢を整理しようとしているんですが…」

「AndroidやiOSアプリ用のデータベースという理解でよいのかな?」

「はい。それから、モバイルアプリだけでなくエッジデバイスも視野に入れて整理できればと思っています」

「了解。調査は、どの程度まで進んでいますか?」

「調べ始めたばかりで、まだ資料など作っていないため、お見せしながら話すことはできないんですが…」

「それは大丈夫。どの程度調べたのか聞かせてもらえますか?」

「ありがとうございます。まず、SQLiteについては外せないと思っています」

「うん。それから?」

「後は、iOSのCore DataやAndroidのRoom、それから、こうしたプラットフォーム固有の技術以外の選択肢として、Realmを取り上げようと思っています。モバイル用データベースは他にもあると思うんですが、その点で知恵を貸していただければと思って、相談させていただきました」

「わかりました。今後、整理するにあたって気にかけている部分はありますか?」

「MBaaS (Mobile Backend as a Service)について、別途主要クラウドプロバイダーのサービスをまとめようと思っているのですが、組み込みデータベースについても、クラウドやデータセンターのデータベースと同期する方法について整理したいと思っています」

「Realmについてはある程度調べていそうですね」

「まだ調べきれてはいませんが、RealmがMongoDBと同期できるということまではわかりました。MongoDBはNoSQLデータベースですよね。それで、他のNoSQLデータベースでも同じような機能を持ったものがあるかもしれないと思ったんです」

「なるほど、それで私に声をかけたということですね」

「はい、先輩はNoSQLデータベースについてご経験があると聞いたので」

「では、今聞いた点を踏まえて話しますね。まず、データベースの種類については、どの程度意識されていますか?一口にNoSQLといっても色々な種類がありますが」

「MongoDBは、ドキュメント指向データベースですよね。RealmもリレーショナルDBのようなテーブル形式でないデータを扱うという意味で、同じNoSQL同士という関係だと思っています」

「そういう理解ですか。では、NoSQLについて話す前に、そもそもCore DataやRoomを利用する意味はどこにあると思いますか?」

「漠然とした言い方かもしれませんが、SQLiteの制約を乗り越える、より進んだ選択肢ということだと思います」

「それでは、SQLiteの制約とは何ですか?」

「一面的な見方かもしれませんが、SQLクエリの結果をアプリケーションのデータモデルに変換するためのコードを自分で書かなければならないところだと思います」

「いわゆるオブジェクトとリレーショナルのインピーダンスミスマッチ(Object-relational impedance mismatch[1])と呼ばれるものですね。モバイルに限らず、データベース一般において、ORM(Object-relational mapping[2])フレームワークが解決する課題ともいえますね」

「はい。Javaでリレーショナルデータベースを使った開発の経験があるので、その点については理解しています」

「SQLクエリは実行時に評価されるので、コンパイル時には検証されないのに対して、コンパイル時チェックによるタイプセーフなコードを開発することができる、という面から捉えることもできますね」

「わかります」

「そこからRealmについて考えてみると、どういう共通点、または違いがあるでしょう?」

「RealmはNoSQLだから、SQLクエリの結果からオブジェクトに変換する必要がないですよね」

「間違ってはいませんが、NoSQLだからというのは不正確です。そもそもNoSQLという言葉が、技術的な特徴について具体的に語るためには不十分です」

「この場合は、ドキュメント指向データベース、ということですよね」

「そう言うのも理解できますが、ここには誤解があります」

「そうなんですか?」

「そもそも、ドキュメント指向データベースとは何でしょうか?」

「JSONデータを扱うデータベースと理解しています」

「はい、広い意味ではドキュメント指向という言葉は、JSONだけでなくXMLのようなデータを含みますが、MongoDBや多くのドキュメント指向データベースはJSONデータを扱っています」

「じゃあ、やっぱりドキュメント指向データベースという整理でよいのではないですか?」

「どこから話そうか。まず、歴史的に言うと、Realmは2019年にMongoDBに買収されましたが、それ以前にも十分なシェアを持っていたといえます。日本でもRealmに関する書籍が出版されていたり、モバイルアプリ開発用データベースとしてSQLiteと共に紹介されていたりしました。だから、その頃から使っている人には誤解はないと思いますが、Realmはドキュメント指向ではなくオブジェクト指向のデータベースです。公式ページでも、そのようにはっきり記されています」

「そうなんですね。違う種類というのはわかりましたが、実際どういう違いなんでしょうか?」

「Javaの経験があるということだから、オブジェクト指向はわかりますよね?」

「はい。クラスを中心としたアプリケーション開発、というと色々端折りすぎかもしれませんが…」

「ここでの話としては、それで十分です。つまり、Realmを使う際にはクラス、つまりデータス

1.https://en.wikipedia.org/wiki/Object%E2%80%93relational_impedance_mismatch

2.https://en.wikipedia.org/wiki/Object%E2%80%93relational_mapping

キーマをあらかじめ定義する、ということです。そのスキーマは、RDBのテーブルスキーマより構造的に柔軟といえますが、それでも格納されるデータの定義が事前に必要であることに変わりはありません。一方、ドキュメント指向、つまりJSONデータベースはどうかというと…」

「そうか、データの構造は、JSONデータそのもので定義されるから、事前のスキーマ定義は不要」

「そう、それがスキーマレスとも言われるドキュメント指向データベースの特徴ですね。それはMongoDBについても当てはまりますが、Realと同期する際には、事前にデータスキーマを定義することになります」

「そういうことなんですね。MongoDBはドキュメント指向データベースだけど、Realmはそうではなく、オブジェクト指向データベースということですね」

「混乱するのも仕方がないかとも思います。データ構造において、SQLやRDBが扱うテーブルにはない柔軟性がある、というところまでは共通していますし、だからこそRealmとMongoDBとのデータ同期が成立する訳ですが、事前のデータ定義の必要性の有無という面で、ドキュメント指向とオブジェクト指向の違いは理解しておく意味があると思います」

「はい」

「この違いそれ自体は、優劣ではなく、性質の違いといえるでしょう。RealmはそもそもMongoDBのフロントエンドとして開発されたわけではなく、単体の組み込みデータベースとして開発されたものなので、アプリケーション内で定義されたデータを保存するという観点からは、データモデルの定義を前提とするオブジェクト指向という性質は自然、という見方もできると思います」

「事後的にMongoDBとの連携が行われたことから、私のようなよく知らない者にとって、誤解の余地が生じているということですね」

「そこで、本来私に期待されていた、データベースの紹介ということで言えば、ドキュメント指向の組み込みデータベースも存在しています」

「あ、そうなんですね」

「それは、Couchbase Lite というデータベースです」

「JSON形式のデータを扱う組み込みデータベース、という理解でよいですか?」

「その通りです」

「なるほど。それは是非、将来のプロジェクトの選択肢として資料に加えたいと思います。自分でも調べてみますが、少し教えていただいてよいですか?」

「もちろん。背景や位置づけについて把握してから調べた方が効果的だと思うので、説明しますね」

「お願いします」

「まず、データベースの名前はCouchbase Liteと言いましたよね。Liteがついているからには、Liteではない Couchbase もあると考えるのが自然だと思いますが、実際 Couchbase Server というデータベースがあります。Couchbase Serverは、ドキュメント指向NoSQLデータベースで、JSONデータを扱います」

「Couchbase Serverのライト版がCouchbase Liteということですね」

「あくまで名前の由来という意味でね。NoSQLの特徴のひとつである分散アーキテクチャーを持つサーバーソフトウェアと、組み込みデータベースという根本の違いがあるので、言葉通りに受け取るのは危険ですが」

「そうか、それはそうですよね」

「当然、実装上コードを共有しているわけでもありません。言うなれば、どちらともドキュメント指向であることに始まり、多くの機能上の共通点を持つファミリーであるとは言えるかな」

「ドキュメント指向という他に、どんな特徴がありますか?」

「Couchbase ServerとCouchbase Liteに共通した特徴としては、SQLを使えることがあります」

「え、何でここでSQLの話が出てくるんですか?NoSQLですよね」

「厳密に言えば、SQLをJSONデータへのクエリのために拡張した言語です。SQL++とも呼ばれます」

「SELECT…FROMみたいなクエリを使うんですか?」

「クエリ文字列を使う方法と、クエリビルダーAPIという、クラスを使って式を構築する方法の二通りがあります。誤解のないようにいうと、ここからはCouchbase Liteにフォーカスしてお話ししますね。Couchbase Liteでタイプセーフなコードを優先する場合は、クエリビルダーAPIを使うことができます。もともと、クエリビルダーAPIのみが提供されていたところ、クエリ文字列を使う方法は後から追加されたという背景があります。Couchbase Liteは、C言語でも使うことができるのですが、C APIではクエリ文字列を使う方法のみが提供されています。C言語がサポートされたバージョンで、他のプログラミング言語でもクエリ文字列を使う方法が提供された、という経緯があります」

「C言語での開発でもCouchbase Liteが使えるんですね」

「はい。Couchbase Liteは、もともとAndroid Javaだけでなく、通常のJavaにも対応していたので、スマートフォン向けのモバイルアプリに限らず、JVMが利用できる環境で使うことができました。加えて、C言語に対応したことによって、より幅広い実行環境で、かつJavaを利用するよりも軽量なフットプリントで使うことができるようになっています」

「なるほど、エッジデバイス向けデータベースの選択肢にもなるということですね」

「そうだね。エッジでのユースケースとして、たとえばセンサーデータを収集するアプリケーションを考えてみると、センサーの扱うデータ項目が変更された場合にも、ドキュメント指向データベースであれば対応が容易という面があります」

「なるほど、スキーマレスの利点は、そういう点に見つけることができるんですね」

「さらに、データセンターやクラウドとのデータ同期についても、Couchbaseに委ねることができます」

「RealmとMongoDBの組み合わせのようなことでしょうか?もう少し、説明してもらってもいいですか?」

「Couchbase Liteは、単体の組み込みデータベースとして使うこともももちろんできますが、Couchbase Serverとの双方向のデータ同期を行うための機能を内蔵しています」

「元々、連携するように設計されているということですね」

「その通り。これによって、クライアントとサーバーとのデータのやり取りという典型的かつ定型的な処理をデータプラットフォームに任せることができます。つまり、プロジェクトは本来のビジネスのための開発にフォーカスすることができる、ということですね」

「MBaaSのニーズともクロスする部分ですね」

「さらにいえば、モバイルアプリとWebアプリのようなマルチチャネルで共通のサービスを展開するニーズにもつながってきます」

「なるほど。押さえておくべきことがわかってきました。自分でも調べてみますが、何か気をつけておくべきことなどありますか?」

「クラウドやデータセンターとの同期やMBaaSまで視野に入れているのであれば、サーバーサイドのデータベースについてもそれなりに把握しておくことが重要になるかと思います。たとえば、ドキュメント指向データベースについては、MongoDB、Couchbaseだけでなくクラウドプロバイダーが提供しているものもありますし、それぞれで格納できるドキュメントのサイズ等、仕様も異なっています。この辺りは、まだ単純なところですが」

「はい、調べてみます」

「よりシビアなところでいうと、性能面が焦点になるかと思います。一口にモバイルないしエッジと言っても、業務用専用端末や工場に置かれたデバイスのようなインハウスのシステムなのか、それともコンシューマー向けの展開なのか、といったサービスの性質にもよりますが、拡張性との関係も考慮する必要があります。おそらく元々想定されていた調査の範囲を超えているでしょうが、意識しておく価値はあるはずです」

「確かに。でも、どこから手を付ければいいのか…」

「私が知っている範囲で、NoSQLの性能比較について、三つのリサーチペーパーが公開されています。ひとつは、Couchbase ServerとMongoDB、そしてDataStax Enterpriseを比較したもので、環境としてはAWSがIaaSとして使われています。[3]もうひとつは、DBaaSとしてのNoSQLを比較したもので、Couchbase ServerのDBaaSであるCouchbase Capellaと、MongoDBのDBaaSであるMongoDB Atlas、そしてAmazon DynamoDBとを比較しています。[4]最後は、やはりDBaaS同士を比較したもので、Couchbase CapellaとAzure Cosmos DBとを比較しています。[5]後でそれぞれのURLを送っておきます」

「ありがとうございます!」

「ひとまず、こんなところでしょうか?」

「はい。後は、こちらで整理してみます」

「お伝えしたことが、プロジェクトの適性に応じたデータベース選択の参考になれば嬉しいです」

3.https://www.altoros.com/research-papers/performance-evaluation-of-nosql-databases-with-ycsb-couchbase-server-datastax-enterprise-cassandra-and-mongodb/

4.https://www.altoros.com/research-papers/performance-evaluation-of-nosql-databases-as-a-service-couchbase-capella-mongodb-atlas-amazon-dynamodb/

5.https://www.altoros.com/research-papers/performance-evaluation-of-nosql-databases-as-a-service-2021-couchbase-capella-and-azure-cosmosdb/

第1章　なぜ、Couchbase Mobileなのか?

この章では、Couchbase Mobileの存在意義と、その技術的位置づけについて解説します。

1.1　モバイル/エッジコンピューティングデータプラットフォームCouchbase Mobile

はじめに

Couchbaseという名前を持つデータベースには、Couchbase ServerとCouchbase Liteのふたつが存在します。モバイル/エッジコンピューティングデータプラットフォームという観点において、これらCouchbase ServerとCouchbase Liteの両方が重要な意味を持ちます。

「Couchbase Mobile」とは、単体のデータベースないし何らかのソフトウェアを指す言葉ではなく、Couchbase LiteとSync Gatewayを包含する呼称です。

Couchbase Liteは、AndroidやiOS、またはエッジデバイス上で実行されるアプリケーション用の組込データベース(Embeded Database[1])です。Sync Gatewayは、Couchbase LiteとCouchbase Serverとのデータ同期を行う役割を担います。具体的には、Couchbase Serverと共に用いられるサーバーソフトウェアです。

Couchbase Liteは、それ単体のみで利用することもできますが、ここでは、モバイル/エッジコンピューティングデータプラットフォームとしてのCouchbase Mobile総体について、「なぜCouchbase Mobileなのか?」という問いに答える観点から整理します。

モバイルアプリケーションにおけるCouchbase Mobileの価値

モバイルアプリケーションで利用されるデータについては、モバイル端末上で作成・保存・利用されれば十分ということはむしろ稀であり、サーバーからのデータ取得やサーバーへのデータ登録・更新が行われることは珍しくありません。そのため、モバイルアプリケーション開発においては、多くの場合、アプリケーション内部のデータ管理と、サーバーとのデータ通信、というふたつの技術的要件が存在します。Couchbase Mobileは、ローカルデータベース(Couchbase Lite)とリモートデータベース(Couchbase Server)間の双方向の自動データ同期機能の提供という形で、この必要性に応えます。

Couchbase Mobileでは、データ同期処理のことをレプリケーション、その処理を実行するモジュールをレプリケーターと呼びます。「レプリケーション(Replication)」という語自体は一般用語であり、コンピューティングの分野で用いられている場合も文脈に応じて多様な意味を持ちますが、Couchbase Mobileの文脈で単にレプリケーションという場合には、上述の内容を指しています。

1.https://en.wikipedia.org/wiki/Embedded_database

「サーバーとのデータ通信」という観点において、ローカルデータベースとリモートデータベースとの間のデータ同期(レプリケーション)という手法は、選択肢のひとつということは言えますが、決して王道とはいえないでしょう。クライアントアプリケーションとサーバーとの間でデータ通信が行われる場合、ローカルにデータベースを持つことは冗長ないし不要、さらにいえば、サーバーにあるデータこそがシングル・ソース・オブ・トゥルース(Single Source of Truth)であり、ローカルデータベースの存在は、データの一元管理という原則に反する、という観点もあり得るかと思います。これは、特にWebアプリケーション開発に馴染んだ立場からは自然な発想ともいえるでしょう。このような見方を踏まえた上でなお、ローカルデータベースを持つ理由・利点として、以下があります。

・ネットワーク依存の分離
・通信ロジックの分離

以下、それぞれについて具体的に見ていきます。

ネットワーク依存の分離

ローカルデータベースを持つことによって、ネットワーク通信が行えない環境下ではローカルに保存してあるデータを利用しつつ、ネットワークが回復した際にデータの同期を行うことができます。たとえば、想像しやすいところでは、飛行機の搭乗員用のアプリケーションを考えてみることができます。[2]このような設計を指して、**オフラインファースト**という言葉が使われます。

一方で、昨今では「ネットワーク通信が行えない環境」と言われても、非常に特殊なケースという印象を持つ方も多いかもしれません。その意味では、オフラインファーストアプリケーションは、**ユーザーエクスペリエンス向上**の一形態と考えた方がわかりやすいかもしれません。

ローカルデータベースを持たないアプリケーションが、サーバーからデータを取得して表示する場合、ユーザーがアプリケーションを立ち上げてから、データが画面に表示されるまでの時間は、たとえそれが短い時間であっても、ユーザー体験としては意味のない単なる待ち時間でしかありません。これは旧来のWebアプリケーションに典型的に見られる状況ともいえます。

ローカルデータベースは、このような形での「ネットワーク依存」をアプリケーションの操作性から分離するために役立ちます。ローカルデータベースを用いることによって、アプリケーションの起動直後はローカルに保存されているデータを利用しながら、データの最新化については、バックグラウンドでユーザーが気がつかないうちに行うという設計が容易に実現可能になります。当然ながら、これはローカルデータベースを導入するだけで自動的に解決するものではなく、開発者が適切にユーザー体験をデザインする必要があります。

通信ロジックの分離

ここまで、ローカルデータベースの意義について、ユーザーの利便性の観点から見てきました。

2.https://www.couchbase.com/customers/united-airlines

「オフラインファースト」にしろ「ユーザーエクスペリエンス向上」にしろ、必要なのはデータの扱い方を適切に設計することであり、ローカルデータベースの導入は、その手段でしかないといえます。

ここで、「ローカル」データベースに関する考察を離れて、より広い視野からデータベース一般に視点を移動すると、そもそもデータベースは、システムにおけるデータ(管理)と(ビジネス)ロジックの分離のために存在しているといえます。つまり、データ管理に必要な汎用的な処理を信頼性のある既存のテクノロジーに任せることによって、開発者は、それ以外の部分の開発に注力することができるようになります。ローカルデータとリモートデータの同期を、データベース（データプラットフォーム）に任せることによって、開発者はさらに、通信ロジックの開発についても、信頼性のある既存のテクノロジーに委ねることが可能になります。

これには、次のような副産物が伴います。

データ操作性の一元化

ローカルデータとリモートデータが暗黙理に同期される状況において、開発者は、ローカルで生成されるデータとリモートから入手するデータについて、それぞれ異なる取り扱い方をする必要がなくなります。アプリケーションにおけるデータ操作は、データがローカルで生成・保存されたのか、リモートから同期されたのかどうかに関わらず、ローカルデータベースに対するAPIコールやクエリという形でいわば一元化されます。

データへのアプローチのパラダイムシフト

この場合、開発者は、リモートデータの入手や保存のための「操作」を設計・開発するのではなく、同期されるデータの範囲や利用できるユーザーやロールを、プラットフォームの提供する方法によって、「構成」することになります。これは、命令的プログラミング(Imperative programming[3])から宣言的プログラミング(Declarative programming[4])へのパラダイムシフトに比して考えることができます。あるいは、Kubernetes[5]における宣言的構成管理との類比で捉えることもできるでしょう。

マルチチャネルにおけるテクノロジー基盤

また現在では、ひとつのサービスが、モバイルアプリケーションとWebアプリケーションの両方の形態で提供されることも珍しくありません。このような場合には、クラウドやデータセンターに存在するデータベースが、ふたつの異なる形態で実装されたアプリケーションのための共通のデータソースとなります。共通のデータソースとなるデータベースに、ローカルデータベースとの同期をサポートしているデータベースを採用することは、サービスを構成するシステム全体にとって、統一されたテクノロジー基盤を持つことに繋がります。

3.https://en.wikipedia.org/wiki/Imperative_programming

4.https://en.wikipedia.org/wiki/Declarative_programming

5.https://en.wikipedia.org/wiki/Kubernetes

開発コスト削減と先進的技術導入促進

通信ロジックを個々のアプリケーションのために、新たに開発しなくても済むことが開発コストの削減につながることは見やすいところです。また、既存の技術を活用することは、自ら開発するよりも、すでに多くの環境で実績のある、より信頼性の高いコードを利用することにつながります。もっとも、学習コストやメンテナンス性の違いなど考慮すべき要素があり、単に楽観的にコストが削減できると考えるのは短絡的であるという見方もあるかもしれません。

一方、既存の技術を活用することによって、先進的な技術の導入のハードルを下げることができるという利点があります。以下、この観点から、技術的な内容に及びますが、例を挙げて説明してみたいと思います。

Couchbase Mobileのレプリケーションは、WebSocket上のメッセージングプロトコルとして実装されています。WebSocketプロトコルは、単一のTCPソケット接続を介してリモートホスト間で全二重メッセージを渡すことを可能にします。Couchbase Mobileのメッセージングプロトコルは、WebSocketレイヤーを用いた階層化アーキテクチャにより、レプリケーションロジックとその基盤となるメッセージングトランスポートの間の「関心の分離」を実現しています。

WebSocketプロトコルは、REST APIのようなHTTPをベースとしたプロトコルよりも高速で、必要となる帯域幅とソケットリソースを削減することができます。さらに、ソケットリソースの節約により、サーバー側での同時接続数を増やすことができます。このようなWebSocketによるメッセージプロトコルを、自ら開発するのは相当に高いハードルだといえます。多くの場合、WebSocketを用いることは絶対条件ではないかもしれませんが、その利点は、既存技術を利用することによる導入の容易さと併せて、検討する価値があると考えられます。

上記のような要素技術の面だけでなく、より一般的にいって、特にエンタープライズでの利用において求められるレベルのセキュリティーを考慮して設計・実装され、多くの運用実績を持つ環境を利用できるという利点は、付け加えておく意味があるでしょう。

これらは一部の例ですが、コスト最適化は、目先の開発コスト削減に関してのみではなく、サービスの先進性や品質等に関する競合との差別化に要するコストと効果のバランスの面からも見る必要があることがわかります。

エッジコンピューティングにおけるCouchbase Mobileの価値

エッジコンピューティングにおける重要な要素として、エッジデータセンターの活用があります。各パブリッククラウドから、下記のようなエッジデータセンターを実現するサービスが提供されています。

- ・AWS Local Zones
- ・AWS Wavelength
- ・AWS Outpost
- ・Azure Edge Services
- ・Google Distributed Cloud Powered by Anthos

エッジデータセンターの活用、すなわち複数の異なるデータセンターからなる多階層でのデータ同期においては、きめ細かいアクセス制御を実施しながら、中央集中型データセンターと多数のエッジデータセンター間でのデータ同期を制御する必要があります。上述のようなサービスが各社から提供され利用できる現在の状況を鑑みて、このような要件は、ますます重要になっているといえるでしょう。

Couchbase Mobileは、サーバーに対する複数のクライアントからなる古典的なスタートポロジー構成に留まらず、マルチティアのネットワーク構成に対応することができます。

Sync Gatewayには、Sync Gateway間レプリケーション(Inter Sync Gateway Replication)機能が備わっています。これによって、複数の異なるデータセンターに存在するSync Gateway間の同期を実現します。

Sync Gateway間レプリケーションを用いることによって、クラウドや中央データセンターにあるCouchbase Serverと同期する、ネットワークトポロジーのハブとしてCouchbase ServerとSync Gatewayをエッジデータセンターに配置することができます。これにより、Couchbase Liteを使ったアプリケーションは、高速・低遅延といった、エッジデータセンターの提供するデータローカリティーによる恩恵を受けることができます。

エッジデバイスにおけるCouchbase Mobileの価値

センサー等のIoT/エッジデバイスで発生した情報を収集するための技術として、データストリーミングを実現する様々な技術が存在します。エッジデバイスからデータ収集を行う際の構成要素として、オープンソーステクノロジーとしては、たとえば以下のようなものがあります。

- Apache NiFi/MiNiFi
- Apache Flink
- Apache Kafka
- Apache Spark Streaming

このようなデータストリーミングの技術を組み合わせ、下流と上流でデータの入出力を構成する代わりに、エッジデバイス上のデータベースとしてCouchbase Liteを配した上で、通信に関わる処理をCouchbase Mobileに委ねることが考えられます。

Kafkaのようなソフトウェアは、ストリーミングデータをキューで管理することによって内部にデータを持つため、ネットワークの信頼性の影響を抑えることができますが、ローカルデータベースを活用することによって、オフライン状況でのデータハンドリングがより直接的に容易になる、という捉え方もできます。

Couchbase Liteは、AndroidやiOSのようなモバイル端末で利用することができるだけではありません。Android JavaのみでなくJVMが実行できる環境で利用することができる他、C言語サポートが提供されており、Raspberry Piや、Debian、UbuntuのようなLinux OSが用いられているエッジデバイス上で、ネイティブアプリケーションに組み込んで利用することができます。

1.2 ドキュメント指向組み込みデータベースCouchbase Lite

はじめに

　ここでは、Couchbase Lite データベースが、他のモバイル組み込みデータベース技術の中で、どのように位置づけられるかを見ていきます。

　モバイルアプリケーション用の組み込みデータベースの中でも、よく知られたものとして、SQLite[6]があります。あるいは、iOS開発者であればCore Data[7]を、Android開発者の場合はRoom[8]のことを考えるかもしれません。また、それらのようなプラットフォーム固有ではない技術として、Realm[9]が知られています。ここでは、これらについて順に見ていきます。その際には、データベースの特徴を最も端的に表す要素として、データモデリングの観点に特に注目して解説します。

SQLite

　SQLite は、「SQLデータベースエンジンを実装するC言語ライブラリーであり、世界で最も利用されているデータベースエンジン」です(括弧内は、公式サイトからの抄訳)。

　以下に、Android developer サイトの公式ドキュメント[10]からのコードを引用しながら、基本的な使い方を紹介します。

　まずは、定数定義(Contract Class)を見てみます。

```java
public final class FeedReaderContract {
    // To prevent someone from accidentally instantiating the contract class,
    // make the constructor private.
    private FeedReaderContract() {}

    /* Inner class that defines the table contents */
    public static class FeedEntry implements BaseColumns {
        public static final String TABLE_NAME = "entry";
        public static final String COLUMN_NAME_TITLE = "title";
        public static final String COLUMN_NAME_SUBTITLE = "subtitle";
    }
}
```

　データを格納するためには、テーブル定義を行います。以下は、そのためのクエリの例です。

6.https://www.sqlite.org/index.html

7.https://developer.apple.com/documentation/coredata

8.https://developer.android.com/jetpack/androidx/releases/room

9.https://realm.io/

10.https://developer.android.com/training/data-storage/sqlite

```
private static final String SQL_CREATE_ENTRIES =
    "CREATE TABLE " + FeedEntry.TABLE_NAME + " (" +
    FeedEntry._ID + " INTEGER PRIMARY KEY," +
    FeedEntry.COLUMN_NAME_TITLE + " TEXT," +
    FeedEntry.COLUMN_NAME_SUBTITLE + " TEXT)";

private static final String SQL_DELETE_ENTRIES =
    "DROP TABLE IF EXISTS " + FeedEntry.TABLE_NAME;
```

　以下が、データベースにデータを挿入するためのコードです。先に確認したテーブル定義に従って、インサートするレコードの構造が決定されます。

```
// Gets the data repository in write mode
SQLiteDatabase db = dbHelper.getWritableDatabase();

// Create a new map of values, where column names are the keys
ContentValues values = new ContentValues();
values.put(FeedEntry.COLUMN_NAME_TITLE, title);
values.put(FeedEntry.COLUMN_NAME_SUBTITLE, subtitle);

// Insert the new row, returning the primary key value of the new row
long newRowId = db.insert(FeedEntry.TABLE_NAME, null, values);
```

　以上、SQLiteの利用方法を見てきました。リレーショナルデータベースを用いたアプリケーション開発経験者にとっては、特に多くを説明する必要のない内容であると思います。

　SQLiteについて、同じくAndroidの公式ドキュメントでは、以下のように問題点が指摘されています。

> RAW SQLクエリはコンパイル時に検証されません。
> SQLクエリとデータオブジェクトを変換するには、大量のボイラープレートコードを記述する必要があります。

そして、下記のように注意されています。

> SQLiteデータベース内の情報にアクセスするための抽象化レイヤとしてRoom永続ライブラリーを使用することを強くおすすめします。

Room

　Roomは、Android SDKが提供するORM(Object Relational Mapping[11])フレームワークです。

11.https://en.wikipedia.org/wiki/Object%E2%80%93relational_mapping

Roomについても、SQLiteと同じく、Android developerサイトの公式ドキュメント[12]からコードを引用しながら、解説します。

以下は、Roomにおけるエンティティー定義の例です。

```java
@Entity
public class User {
    @PrimaryKey
    public int uid;

    @ColumnInfo(name = "first_name")
    public String firstName;

    @ColumnInfo(name = "last_name")
    public String lastName;
}
```

以下は、上記エンティティーに対応するDAO(Data Access Object)定義です。内部で、SQLクエリが用いられているのがわかります。

```java
@Dao
public interface UserDao {
    @Query("SELECT * FROM user")
    List<User> getAll();

    @Query("SELECT * FROM user WHERE uid IN (:userIds)")
    List loadAllByIds(int[] userIds);

    @Query("SELECT * FROM user WHERE first_name LIKE :first AND " +
            "last_name LIKE :last LIMIT 1")
    User findByName(String first, String last);

    @Insert
    void insertAll(User... users);

    @Delete
    void delete(User user);
}
```

以下は、上記のDAOを扱うRoomDatabase継承クラスです。

12.https://developer.android.com/training/data-storage/room?hl=ja#java

```
@Database(entities = {User.class}, version = 1)
public abstract class AppDatabase extends RoomDatabase {
    public abstract UserDao userDao();
}
```

次のコードでは、RoomDatabase継承クラスのインスタンスを取得しています。

```
AppDatabase db = Room.databaseBuilder(getApplicationContext(),
        AppDatabase.class, "database-name").build();
```

以下では、DAOを介してエンティティーのリストを取得しています。

```
UserDao userDao = db.userDao();
List<User> users = userDao.getAll();
```

上記の流れは、ORM(Object Relational Mapping)フレームワークに典型的なものといえるでしょう。

Core Data

Core Dataは、「アプリケーションでモデルレイヤーオブジェクトを管理するためのフレームワーク (a framework that you use to manage the model layer objects in your application)」です (括弧内の引用は、Apple公式ドキュメント「What Is Core Data?」[13]より)。

Core Dateにおいて、データモデル定義には、Xcode IDEのモデルエディターUIを用います。

定義したモデルは、プロジェクト内で、マネージドオブジェクトとして利用することができます。

Core Dataについて、単にORM(Object Relational Mapping)フレームワークであるとする説明は誤りになるでしょうが、目的や開発された背景にはORMと共通のものを認めることができます。

Realm

Realmは、オブジェクト指向データベースです。

Realmでは以下のように、データモデルをRealmObjectを継承したクラスとして定義します (コードは、公式ドキュメント Quick Start[14]から引用)。ここでは、Taskクラスを定義しています。

```
import io.realm.RealmObject;
import io.realm.annotations.PrimaryKey;
import io.realm.annotations.Required;
public class Task extends RealmObject {
    @PrimaryKey private String name;
```

13.https://developer.apple.com/library/archive/documentation/Cocoa/Conceptual/CoreData/index.html

14.https://docs.mongodb.com/realm/sdk/android/quick-start-local/

```
    @Required private String status = TaskStatus.Open.name();
    public void setStatus(TaskStatus status) { this.status = status.name(); }
    public String getStatus() { return this.status; }
    public String getName() { return name; }
    public void setName(String name) { this.name = name; }
    public Task(String _name) { this.name = _name; }
    public Task() {}
}
```

以下は、データ挿入の例です。Taskオブジェクトを直接、データベースに挿入します。

```
Task Task = new Task("New Task");
backgroundThreadRealm.executeTransaction (transactionRealm -> {
    transactionRealm.insert(Task);
});
```

以下は、データ検索の例です。検索結果は、Taskとして型付けされています。

```
// all Tasks in the realm
RealmResults<Task> Tasks = backgroundThreadRealm.where(Task.class).findAll();
```

　以上からわかる通り、Realmは、あらかじめデータモデルの定義が必要なオブジェクト指向データベースであって、MongoDBやCouchbase Serverのようなドキュメント指向データベースとは異なります。MongoDB Atlasは、Realとのデータ同期に対応していますが、Realmとの同期の場合には、MongoDBクライアントと同等の柔軟性が提供されるわけではないことに注意が必要です。
　Realmがオブジェクト指向データベースであることは単なる特徴であって、ドキュメント指向データベースよりも劣る欠点とは言えませんが、MongoDBとの関わりにおいて、それぞれの違いを意識する必要があります。

Couchbase Lite

　Couchbase Liteは、ドキュメント指向データベースです。
　Couchbase Liteでは、以下のようにドキュメントオブジェクト(MutableDocument)に対して、プロパティーとして値を設定します。事前にデータモデルを定義する必要はありません。

```
MutableDocument newTask = new MutableDocument();
newTask.setString("type", "task");
newTask.setString("name", "データベース設計");
newTask.setString("owner", "TBD");
newTask.setString("status", "NEW");
```

```
newTask.setDate("createdAt", new Date());
try {
    database.save(newTask);
} catch (CouchbaseLiteException e) {
    Log.e(TAG, e.toString());
}
```

　このように、Couchbase Liteには、特定のデータモデルを表すテーブルスキーマやクラスといったものが存在しません。[15]

　Couchbase Liteでは、データ(ドキュメント)の種類を表す以下のふたつの方法があります。これらは時に併用されます。

・種類を表す特定のプロパティーを用います。典型的には「type」というプロパティー名が用いられます。
・種類を表す名称をドキュメントを一意に特定するキー(ドキュメントID)の一部に用います。たとえば、「user::001」のように、種類を表す接頭辞の後、任意のセパレーターが置かれ、後続の値によりキーがデータベース内で一意となるように設計します。

　Couchbase Liteは、SQL準拠のクエリが利用できるため、たとえば以下のようなWHERE句を用いて、特定の種類のドキュメントを検索することができます。[16]

```
WHERE type = 'task'
```


まとめ

　データモデリングの観点から各データベースについて見てきました。

　データモデリングにおけるそれぞれの違いは、一次的にはそれらの特徴であって、優劣ではないということができます。一方で各OSが提供する独自の技術は、その存在意義を示すために、SQLiteと比べて優位性を強調しています。

　各OSが提供する独自の技術は、そのOS専用にアプリケーションを構築する場合には、固有の能力を発揮します。一方で、同じ目的を持ったアプリケーションをそれぞれのOSのために作成する際の合理化のために、RealmやCouchbase Liteのような、中立のテクノロジーを活用することが考えられます。

　ここでは詳細に及ぶことはできませんでしたが、ここで紹介したデータベースには、それぞれ特色があり、データベースへのクエリの方法などは違いのわかりやすい部分でしょう。

　「なぜ、Couchbase Liteなのか?」という問いへの答えについて、他のデータベースとの比較とい

15.Couchbase Serverでは、リレーショナルデータベースにおけるテーブルに対応するコレクションというキースペース (名前空間) が存在します。
16.Couchbase Serverでは、`SELECT * FROM task`のようなクエリ表現が可能です。

う形は取りませんが、後続の章についても参考としていただければ幸いです。

データ同期機能

リモートデータベースとデータを同期することによって、異なる端末でも同じデータが扱えるようにすることは、特殊な要件ではありません。様々なデータベースがそれぞれのやり方で、このような要件に対する配慮を示しています。

ここでは、これまで紹介したそれぞれのデータベースについて、リモートデータベースとのデータ同期機能について簡単に触れます。

MongoDB Atlas は、Realm はとのデータ同期機能[17]を提供しています。

Core Data は、CloudKit[18]による、iCloud との同期をサポートしています。

Room では、ネットワークとデータベースからページングする (Page from network and database[19]) ための RemoteMediator というコンポーネントが提供されています。

以上は、あくまでそれぞれのデータベースにおいて、リモートデータベースとのデータ同期という要件が考慮されていることを示すための概観に過ぎません。それぞれについて注目すべき特徴や、あるいは、ここに挙げた以上の機能の存在、あるいは今後の機能拡張があるかもしれませんが、それらについては是非それぞれのデータベースに関する情報へ直接当たっていただきますようお願いします。

17.https://www.mongodb.com/docs/atlas/app-services/sync/learn/overview/

18.https://developer.apple.com/documentation/coredata/mirroring_a_core_data_store_with_cloudkit/setting_up_core_data_with_cloudkit

19.https://developer.android.com/topic/libraries/architecture/paging/v3-network-db

---

組み込みデータベースの観点から見たMBaaS

各パブリッククラウドから、以下のような Mobile Backend as a Service が提供されています。

・Google Firesbase
・AWS Amplify
・Azure Mobile Apps

それぞれ、iOS や Android といったモバイルプラットフォームの差を吸収する (両方に対応する) という意味において、Realm や Couchbase Lite と似た位置づけを持っているとも言えますが、MBaaS は、本質的にはバックエンドサービスをクラウドとして提供するものであり、組み込みデータベースと単純に比較を行えるものではありません。

一方、それぞれのサービスからオフライン時を想定した機能が提供されています。ここでは、ローカルデータベースとしての機能という観点から、それぞれについて簡単に触れます。

AWS Amplify は、ローカル永続データストア機能として、Amplify DataStore[20]を提供しています。Amplify DataStore では、データモデルの定義として GraphQL スキーマを使用します。リモートバックエンドと同期する場合には、AWS AppSync と連携します。その際、GraphQL をデータプロトコルとして使用します。同期対象のリモートデータベースとして、AWS が提供するフルマネージド NoSQL ドキュメント指向データベース DynamoDB があります。

Firebase の提供するローカルデータサポートは、一時的なオフラインのためのキャッシュとしてのものであるといえます。Firesbase では、リモートデータベースとしてリレーショナルデータベースを利用することもできますが、NoSQL データベースとしては Firestore[21]を利用できます。

Azure Mobile Apps は、オフラインデータ同期 (Offline Data Sync[22]) 機能としてローカルストアを提供します。これは、クライアント SDK の機能 (MobileServiceSyncTable) として位置付けられ、オンライン操作時における、MobileServiceTable と同等の操作性を提供しています。同期先のリモートデータベースとして、Azure SQL Database と Azure SQL Server を使うことができます。

クラウドプロバイダーのサービスは、常に進歩しています。ここでの記述内容については、著者の把握できていない部分や、今後変わっていく、あるいはすでに変わっている部分も存在することでしょう。是非、それぞれのサービスの

一次情報を確認いただきますようお願いします。

20.https://docs.amplify.aws/lib/datastore/getting-started/q/platform/js/

21.https://firebase.google.com/products/firestore

22.https://docs.microsoft.com/ja-jp/azure/developer/mobile-apps/azure-mobile-apps/howto/data-sync

第2章　Couchbase Liteデータベース

2.1　ドキュメント構造

Couchbase Liteのデータの基本単位は**ドキュメント**であり、これはRDBの行またはレコードに相当します。

Couchbase Liteの内部で、ひとつのドキュメントは一意かつ不変の**ドキュメントID**(キー)と、ドキュメントIDにより一意に特定されるデータ(バリュー)、つまりキーとバリューのペアから構成されます。

ドキュメントID

ドキュメントIDはデータベース内で一意であり、ドキュメント作成後に変更することができません。ドキュメントIDはユーザーが作成時に指定するか、あるいは(UUIDとして)自動的に生成することができます。

ドキュメントIDとして利用できる文字列には、以下の制約あります。

・スペースを含まないUTF-8文字列(「%」、「/」、「"」、「_」などの特殊文字を許容)
・最大250バイト

JSONドキュメント

Couchbase Lieteデータベースに格納されるドキュメントのデータモデル(Documents Data Model[1])は、JSONの形式を取ります。

JSONオブジェクトは、名前と値のペアのコレクションであり、値は、数値、文字列、null、JSONオブジェクト、そしてこれらの値の配列といった、さまざまなデータ型を取ります。

この「名前」と「値」のペアは**プロパティー**と呼ばれます。「名前」のことをプロパティー名、「値」をプロパティー値と呼ぶことがあります。このように、プロパティーは、データ自体に加え、名前という属性情報を含むため、JSONドキュメントは複雑なデータ構造を自己組織化された方法で表すことができます。

以下は、このようなJSONオブジェクトの例です。

```
{
    "名前1": "値1",
    "名前2": [ "値2A", "値2B", "値2C" ]
    "名前3": {
```

1.https://docs.couchbase.com/couchbase-lite/current/android/document.html

```
        "名前3A" : "値3A",
        "名前3B" : 123,
        "名前3C" : [ 1, 2, 3 ]
    },
    "名前4": null,
    "名前5": [
        { "名前5A" : "値5A1", "名前5B" : 1 },
        { "名前5A" : "値5A2", "名前5B" : 2 },
        { "名前5A" : "値5A3", "名前5B" : 3 }
    ]
}
```

添付ファイル(バイナリデータ)

ドキュメントには、**添付ファイル**と呼ばれるバイナリデータ(BLOB)を関連付けることができます。添付ファイルによって、Couchbase Liteデータベースは、画像ファイルやその他の非テキストデータを保存する手段を提供します。

添付ファイルは、添付先のドキュメントと同じCouchbase Liteデータベースインスタンスに保存されます。添付ファイルは、内部的にはそのファイルが添付されたJSONドキュメントとは異なるドキュメントIDを持つ別のドキュメントとして保存されます。添付先ドキュメントには、そのドキュメント自体のデータに加え、添付ファイルへの参照や添付ファイルの属性情報に関するデータが加えられます。

ひとつのドキュメントに対して、複数の添付ファイルを関連付けることができます。反対に、同じ添付ファイルを複数のドキュメントに添付することもでき、その場合、添付ファイルのひとつのインスタンスのみがデータベースに保存されます。

ドキュメント有効期限

ドキュメントに対して有効期限を設定できます。ドキュメントの有効期限が切れると、ドキュメントはデータベースからパージ(消去)されます。

2.2　データベース操作

Couchbase Liteデータベース(Databases[2])を利用する際の基本的な操作について解説します。

初期化

最初に、Databaseクラスの静的メソッドinit()をコールし、データベースを初期化します。

2.https://docs.couchbase.com/couchbase-lite/current/java/database.html

```
CouchbaseLite.init(context);
```

上の例で、引数として与えられているのは、android.content.Contextオブジェクトです。
初期化前に他のAPIが呼び出されると、例外が発生します。

データベース作成/オープン

Databaseクラスを使用して、新しいデータベースを作成したり、既存のデータベースをオープン
することができます。Databaseクラスのインスタンスを作成する際には、データベース名を指定し
ます。また、必要に応じ、DatabaseConfigurationオブジェクトを作成の上、Databaseクラスのコ
ンストラクターへの引数として指定します。

以下の例では、DatabaseConfigurationを用いて、データベースのパスを指定しています。パス
を指定しない場合は、デフォルトの場所が利用されます。

```
final String DB_NAME = "CBL";

DatabaseConfiguration config = new DatabaseConfiguration();
config.setDirectory(context.getFilesDir().getAbsolutePath());

Database database = new Database(DB_NAME, config);
```

指定された名前のデータベースが指定されたパスに存在しない場合、新しいデータベースが作成
されます。

データベース暗号化

エンタープライズエディションでは、データベースを暗号化することができます。
暗号化を有効にするには、データベース作成時にDatabaseConfigurationのencryptionKeyプロパティー
に暗号化キーを設定します。暗号化に使用されるアルゴリズムは256ビットAESです。
暗号化されたデータベースをオープンする際には、複合化のために暗号化キーを指定する必要があります。
暗号化キーの管理は、アプリケーション側の責任になります。暗号化キーは通常、AppleのキーチェーンやAndroid
のキーストアなどのプラットフォーム固有の安全なキーストアに保存されます。

データベースクローズ

以下は、データベースをクローズする例です。

```
database.close();
```

2.3 ドキュメント操作

ドキュメント作成・保存

新規ドキュメント作成時には、MutableDocumentクラスを使用します。次のいずれかのコンストラクターを使用できます。

- MutableDocument(String id): 指定したドキュメントIDを使用して新しいドキュメントを作成します。
- MutableDocument(): ドキュメントIDをランダムに生成して、新しいドキュメントを作成します。

次のコードは、ドキュメントを作成してデータベースに永続化する例です。

```
MutableDocument newTask = new MutableDocument();
newTask.setString("type", "task");
newTask.setDate("createdAt", new Date());
try {
    database.save(newTask);
} catch (CouchbaseLiteException e) {
    Log.e(TAG, e.toString());
}
```

ドキュメント取得

ドキュメントIDを引数として取る、DatabaseクラスのgetDocumentメソッドを使用して、ドキュメントを取得することができます。

```
Document document = database.getDocument("xyz");
```

指定されたドキュメントIDを持つドキュメントが存在しない場合は、nullが返されます。

ドキュメント変更

データベースからドキュメントが読み取られるとき、ドキュメントは不変(immutable)オブジェクトとして取得されます。ドキュメントを更新する際には、toMutableメソッドを使用して、更新可能な(mutable)インスタンスを取得します。

ドキュメントへの変更は、DatabaseのsaveメソッドコールのタイミングでデータベースにB反映されます。

```
Document document = database.getDocument("xyz");
MutableDocument mutableDocument = document.toMutable();
mutableDocument.setString("name", "apples");
try {
    database.save(mutableDocument);
} catch (CouchbaseLiteException e) {
    Log.e(TAG, e.toString());
}
```

型付きアクセサー

　Documentクラスは、文字列、数値(整数、浮動小数点数)、ブーリアン(真偽値)など、さまざまな型のプロパティーへのアクセサーを提供します。これらのアクセサーを利用して、アプリケーションが期待する型とJSONエンコーディングとの間の変換を行うことができます。

　アクセサーの引数として指定された名前のプロパティーがドキュメント内に存在しない場合、アクセサーのタイプに応じたデフォルト値が返されます（たとえば、整数値に対するアクセサー getInt の場合は0のように）。

Dateアクセサー

　Date型は一般的なデータ型ですが、JSONはネイティブにサポートしていないため、ISO-8601形式の文字列として日付データを格納するのが慣例です。Documentクラスは、Date型アクセサーを備えています。

　次の例では、java.util.Date オブジェクトを MutableDocument のプロパティーとして設定しています。

```
mutableDocument.setValue("createdAt", new Date());
```

　次の例では、Documentオブジェクトの getDate アクセサーを使用してDateオブジェクトとして取得しています。

```
Date date = document.getDate("createdAt");
```

配列操作

　Documentクラスは、配列型のプロパティーへのアクセサーを持ちます。

　Documentの配列型のプロパティー値として、Couchbase Lite は Array クラスと MutableArray クラスを提供します。

　以下は、MutableArray を Document のプロパティーとして追加する例です。

```
// MutableArrayオブジェクト作成
MutableArray mutableArray = new MutableArray();

// 要素の追加
mutableArray.addString("650-000-0000");
mutableArray.addString("650-000-0001");

// 新規ドキュメントのプロパティーとしてMutableArrayオブジェクトを追加
MutableDocument mutableDoc = new MutableDocument("doc1");
mutableDoc.setArray("phones", mutableArray);

// ドキュメント保存
database.save(mutableDoc);
```

　以下は、DocumentからArrayを取得して利用する例です。

```
Document document = database.getDocument("doc1");

// ドキュメントプロパティーから配列を取得
Array array = document.getArray("phones");

// 配列の要素数をカウント
int count = array.count();

// インデックスによる配列アクセス
for (int i = 0; i < count; i++) {
    Log.i(TAG, array.getString(i));
}

// ミュータブルコピーの生成
 MutableArray mutableArray = array.toMutable();
```

ディクショナリー操作

　Documentクラスは、ディクショナリー型のプロパティーへのアクセサーを持ちます。

　Documentのディクショナリー型のプロパティー値として、Couchbase LiteはDictionaryクラスとMutableDictionaryクラスを提供します。

　以下は、MutableDictionaryをDocumentのプロパティーとして追加し、データベースに保存する例です。

```
// MutableDictionaryオブジェクト作成
MutableDictionary mutableDict = new MutableDictionary();

// ディクショナリーへのキー/値の追加
mutableDict.setString("street", "1 Main st.");
mutableDict.setString("city", "San Francisco");

// 新規ドキュメントのプロパティーとしてMutableDocumentオブジェクトを追加
MutableDocument mutableDoc = new MutableDocument("doc1");
mutableDoc.setDictionary("address", mutableDict);

// ドキュメント保存
database.save(mutableDoc);
```

以下は、DocumentからDictionaryを取得して利用する例です。

```
Document document = database.getDocument("doc1");

// ドキュメントプロパティーからディクショナリーを取得
Dictionary dict = document.getDictionary("address");

// キーによる値の取得
String street = dict.getString("street");

// ディクショナリーに対する走査
for (String key : dict) {
    Log.i(TAG, key + ":" + dict.getValue(key));
}

// ミュータブルコピーの生成
MutableDictionary mutableDict = dict.toMutable();
```

プロパティー確認

　ドキュメントに特定のプロパティーが存在するかどうかを確認するために、containsメソッドを使用できます。

```
Document document = database.getDocument("doc1");
String key = "key1";
if (document.contains(key)) {
```

```
        Log.i(TAG, key + ":" + document.getString(key));
}
```

バッチ操作

　データベースに一度に複数の変更を加える場合、それらをグループ化してバッチとして実行する方法が提供されています。

　次の例では、inBatchメソッドに与えるコードブロックの中で、ドキュメントをデータベースに保存する処理を複数回実行しています。

```
database.inBatch(() -> {
    for (int i = 0; i < 10; i++) {
        MutableDocument doc = new MutableDocument();
        doc.setValue("type", "user");
        doc.setValue("name", "user " + i);
        doc.setBoolean("admin", false);
        try {
            database.save(doc);
                        Log.i(TAG, String.format("saved user document %s",
doc.getString("name")));
        } catch (CouchbaseLiteException e) {
            Log.e(TAG, e.toString());
        }
    }
});
```

　バッチとして実現される一連の操作は、ローカルレベルでトランザクショナルです。つまり、他のプロセスは、コードブロック実行中に変更を加えることができず、また、コードブロック中の変更の一部を認識するということがありません。

　ローカルレベルと断っているのは、Couchbase Lite と Couchbase Server とのデータ同期を行う場合、これらのグループ化された操作による Couchbase Lite データベースに対する更新が、Couchbase Server に対して反映される際に、トランザクショナルに実施されるわけではない、という意味合いです。

変更イベントのリスニング

　データベースやドキュメントで発生した変更をイベントとして検知することによって、要件に応じた処理を実装することが可能です。

　次の例では、ドキュメントに対する変更を検知するために、特定のドキュメントに対してリスナーを登録しています。

```
database.addDocumentChangeListener(
    "doc1",
    change -> {
        Document doc = database.getDocument(change.getDocumentID());
        if (doc != null) {
            Toast.makeText(context, "Status: " + doc.getString("status"),
Toast.LENGTH_SHORT).show();
        }
    });
```

ドキュメント有効期限設定

　ドキュメントに有効期限を設定できます。ドキュメントの有効期限が切れると、ドキュメントはデータベースからパージ(消去)されます。

　次の例では、ドキュメントのTTL(Time To Live)を現在の時刻から1日後に設定しています。

```
Instant ttl = Instant.now().plus(1, ChronoUnit.DAYS);
database.setDocumentExpiration("doc1", new Date(ttl.toEpochMilli()));
```

　以下のように、nullを設定することで、有効期限をリセットすることができます。

```
database.setDocumentExpiration("doc1", null);
```

2.4　添付ファイル操作

添付ファイル作成

　以下は、ドキュメントの添付ファイルを作成し、データベースに保存する例です。

```
AssetManager assetManager = context.getResources().getAssets();
InputStream is = null;
try {
    is = assetManager.open("image.jpg");
    Blob blob = new Blob("image/jpeg", is);
    mutableDoc.setBlob("image", blob);
    database.save(mutableDoc);
} catch (IOException e) {
    Log.e(TAG, e.toString());
} catch (CouchbaseLiteException e) {
    Log.e(TAG, e.toString());
```

```
} finally {
    try {
        if (is != null) {
            is.close();
        }
    } catch (IOException ignore) { }
}
```

添付ファイル取得

以下は、ドキュメントから添付ファイルを取得する例です。

```
Blob blob = doc.getBlob("image");
byte[] bytes = blob.getContent();
```

2.5 JSON文字列との変換

Couchbase Liteの Document、MutableDocument、Dictionary、MutableDictionary、Array、MutableArray クラスは、JSON文字列との変換をサポートしています。

ドキュメントからJSON文字列への変換

Document クラスの toJSON() メソッドを使用して、ドキュメントの内容をJSON文字列として取り出すことができます。

```
final String json = doc.toJSON();
```

JSON文字列によるドキュメント作成

JSON文字列を使用して MutableDocument オブジェクトを作成することができます。

次の例では、まずデータベースから取得したドキュメントをJSON文字列に変換し、そのJSON文字列を使用して別のドキュメントとして保存しています。

```
final String json = database.getDocument("doc1").toJSON();

final MutableDocument document = new MutableDocument("doc2", json);

database.save(document);
```

JSON文字列とディクショナリーとの変換

JSON文字列を使用して`MutableDictionary`オブジェクトを作成することができます。
以下は、JSON文字列とディクショナリーの変換を扱う例です

```java
final String JSON = "{\"name1\":\"value1\",\"name2\":\"value2\"}";
final MutableDictionary mDict = new MutableDictionary(JSON);

for (String key: mDict.getKeys()) {
  Log.i(TAG, key + ":" + mDict.getValue(key));
}
```

JSON文字列と配列との変換

JSON文字列を使用して、`MutableArray`オブジェクトを作成することができます。
以下は、JSON文字列と配列の変換を扱う例です。

```java
final String JSON = "[{\"id\":\"obj1\"},{\"id\":\"obj2\"}]";
final MutableArray mArray = new MutableArray(JSON);

for (int i = 0; i < mArray.count(); i++) {
    final Dictionary dict = mArray.getDictionary(i);
    Log.i(TAG, dict.getString("name"));
    db.save(new MutableDocument(dict.getString("id"), dict.toMap()));
}
```

開発参考情報

ここでは、Couchbase Lite APIによるJSON操作について解説しました。

一旦、Couchbase LiteオブジェクトからJSONデータが文字列として取り出された後は、プログラミング言語で提供されているJSON用ライブラリーを活用することができます。たとえば、ライブラリーの提供するデータバインディング機能を利用して、JSONからPOJO(Plain Old Java Object)に変換することが考えられます。

そのようなライブラリーの例として、Jackson[3]があります。Couchbase LiteとJacksonの組み合わせは、Couchbase Blog: Exploring Couchbase Mobile on Android: Object Mapping[4]でも取り上げられています。

3.https://github.com/FasterXML/jackson

4.https://blog.couchbase.com/object-mapping-couchbase-mobile-android/

第3章　Couchbase Liteクエリ

3.1　概要

Couchbase Liteでは、JSONデータに対してSQL形式のクエリを行うことができます。

クエリ形式

Couchbase Liteは、標準SQL同様の以下の形式のクエリを使用します。

```
SELECT ____
FROM ____
WHERE ____
JOIN ____
GROUP BY ____
ORDER BY ____
```

SQL経験者にとっては馴染みのあるものだと思いますが、各行について説明すると以下の通りです。

- SELECTステートメントには、クエリの結果セットを指定します。
- FROMには、クエリの照会先を指定します。
- WHEREステートメントでは、検索条件を指定します。
- JOINステートメントには、複数の照会先を結合するための条件を指定します。
- GROUP BYステートメントには、結果セットとして返されるアイテムをグループ化するために使用される基準を指定します。
- ORDER BYステートメントには、結果セット内のアイテムの順序付けに使用される基準を指定します。

このように、クエリ形式の構造とセマンティクスは、SQLに基づきます。さらに、SQLには含まれていないJSONデータの操作に関する関する部分は、N1QLクエリ言語に基づいています。

N1QL

N1QLという名前は、リレーショナルデータモデルにおける第一正規型(first normal form)と関係し、非第一正規型クエリ言語(Non 1st normal form Query Language)の略称です。N1QLと書いて、

ニッケルと読みます。なお、N1QLという名称はCouchbase固有のものです。[1]

　N1QLの設計は、SQL++に由来します。

SQL++

　SQL++はカリフォルニア大学で生み出され、Apache AsterixDB[2]でも採用されています。

　SQL++の提唱者Yannis Papakonstantinou他の著者による論文「The SQL++ Query Language: Configurable, Unifying and Semi-structured[3]」では、N1QLについて「syntactic sugar over SQL++」という表現が用いられています。

クエリビルダーAPIとSQL++/N1QLクエリAPI

　Couchbase Liteクエリには、以下のふたつタイプのAPIが存在します。

- **クエリビルダーAPI**: クエリを文字列で表現するのではなく、オブジェクトとして構築します。クエリの構築には、ビルダークラス(QueryBuilder)を使用します。
- **SQL++/N1QLクエリAPI**[4]: クエリ文字列を使います。

　クエリビルダーAPIでオブジェクトとしてクエリを構築する場合も、その構文構造は、上述したSQLの形式と一致しています。

　ふたつのAPIは、プログラミング方法は異なるものの、機能レベルでは基本的に同じ機能を提供しますが、わずかながら機能における差分が存在します。

　クエリビルダーAPIは、SQL++/N1QLクエリAPIが備えている機能の全てを備えている訳ではありません。一方で、Couchbase Lite 2.xまではクエリAPIは存在しておらず、クエリビルダーが唯一のAPIでした。ここからもわかる通り、この機能の差は利用において本質的な問題とはなりえないものであり、クエリビルダーAPIに備わっていない機能を利用するために、SQL++/N1QLクエリAPIと併用する必要性は基本的に生じません。たとえば、データ型変換関数はクエリAPIでのみ提供されていますが、クエリビルダーAPIを使う場合は、プログラミング言語の機能を利用することができます。

　反対に、SQL++/N1QLクエリAPIはクエリビルダーAPIには備わっていない機能を備えている一方、APIに依存しなければならない操作があります。このような例に、インデックス作成があります。Couchbase Liteにおけるインデックス作成は、DDLクエリではなくAPIを用います。

---

1. なお、同じN1QLという名称であっても、Couchbase LiteとCouchbase Serverとでは異なる部分があります。詳細については、ドキュメントを参照ください。
2. https://asterixdb.apache.org/
3. https://arxiv.org/abs/1405.3631
4. 本書の以降の記述では「SQL++/N1QL」という並列表記を用います。Couchbase Mobile 3.0以降のドキュメントでは、Couchbaseのクエリ言語を指す名称として「SQL++」という名称が用いられるようになっている一方、既存の情報では「N1QL」という名称が用いられています。読者がそれらの情報を参照する際の混乱を避けるために、「SQL++/N1QL」という並列表記を採用しています。

標準SQLからの主な拡張要素

Couchbase LiteはJSONを扱うドキュメントデータベースであるため、クエリの構文はSQLに基づきながら、JSONデータの扱いのために拡張されています。以下に、主要な拡張要素を示します。

- **未定義データ型**: テーブルスキーマを有するデータベースへのクエリと異なり、N1QLでは、未定義のデータを表現するためのデータ型 `MISSING` が存在します。また、`MISSING` 値に対する検索条件を指定する方法があります。
- **辞書型オブジェクト**: データ型として辞書型オブジェクトの表現、およびそれを想定した検索条件指定方法があります。
- **配列**: データ型として配列の表現、およびそれを想定した検索条件指定方法があります。

3.2 定義と実行

クエリビルダー APIと SQL++/N1QLクエリ APIの詳細については、後の章でそれぞれ解説します。ここでは、基本的な定義と両方に共通する実行方法を説明します。

クエリビルダー API

`QueryBuilder`クラスのメソッドを使用して、`Query`オブジェクトを作成します。
以下は、その例です。

```
Query query = QueryBuilder
    .select(SelectResult.all())
    .from(DataSource.database(database))
    .where(Expression.property("type").equalTo(Expression.string("hotel")))
    .limit(Expression.intValue(10));
```

Queryオブジェクトのexecuteメソッドを使用してクエリを実行します。

```
ResultSet rs = query.execute();
```

以下は、ResultSetオブジェクトから、Resultオブジェクトを順番に処理する例です。

```
for (Result result : rs) {
    // 何らかの処理を行う
}
```

結果として返されるデータの構造は、クエリの記載方法によって異なります。これについては、後の章で解説します。

SQL++/N1QLクエリAPI

Databaseクラスのcreate Queryメソッドを使用して、クエリ文字列からQueryオブジェクトを作成します。

以下は、クエリ文字列から、Queryオブジェクトを作成する例です。

```
Query query = database.createQuery("SELECT * FROM database");
```

Queryオブジェクトの実行以降の操作については、クエリービルダーAPIと同様です。

3.3 ライブクエリ

概要

Queryオブジェクトに対してリスナーを設定することで、クエリの結果に影響を与える変更に対する通知を受けることができます。このようなクエリは、ライブクエリ(Live Query[6])と呼ばれます。

ライブクエリは、データを最新の状態に保つ必要のあるテーブルやリストビューなどのユーザーインターフェイスを構築するための方法を提供します。

利用方法

以下、コーディング例を示します。

```
// Queryオブジェクトの作成
Query query = QueryBuilder.select(SelectResult.all())
    .from(DataSource.database(database));
```

6.https://docs.couchbase.com/couchbase-lite/3.0/java/query-live.html

```
// リスナー追加によるライブクエリのアクティブ化
ListenerToken token = query.addChangeListener(change -> {
    // コールバック関数定義
    for (Result result : change.getResults()) {
        /*  例えばUI更新のように変更を反映するための処理を記述します */
    }
});

// クエリの実行
query.execute();
```

　ライブクエリを停止するには、リスナーを追加した際に受け取ったトークンを使用してリスナーを削除します。

```
query.removeChangeListener(token);
```

Android RecyclerView連携

　Androidプラットフォームでは、動的なデータを効率的に表示するために、RecyclerView[7]を用いることができます。

　以下に、Couchbase Lite を RecyclerView のデータソースとして使用する際の一般的な構成を示します。

7.https://developer.android.com/reference/androidx/recyclerview/widget/RecyclerView

図 3.1: Couchbase Lite と RecyclerView との関係

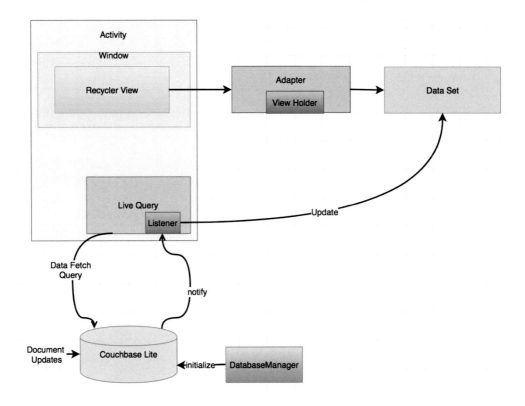

(図は、Couchbase チュートリアル Using Couchbase Lite with Recycler Views[8]より引用)

- RecyclerViewはActivityによってインスタンス化されます。RecyclerViewはAdapterと関係を持っています。
- Adapterは、ViewHolderを介してデータ項目をビューにバインドする役割を果たします。
- DatabaseManagerは、Couchbase Liteの初期化と管理を担当します。
- Activityから、Couchbase Liteに対して、ライブクエリを構成するリスナーが登録されます。

以下、チュートリアル Using Couchbase Lite with Recycler Views[9]の内容をベースに、Androidアプリ開発におけるライブクエリの利用について、実際のコーディング内容を紹介します。

まず、以下のようにActivityのonCreateメソッドでRecyclerViewの初期化が行われます。

8.https://docs.couchbase.com/tutorials/university-lister/android.html
9.https://docs.couchbase.com/tutorials/university-lister/android.html

ListActivity.java

```java
@Override
protected void onCreate(Bundle savedInstanceState) {
    super.onCreate(savedInstanceState);

    ...

    // RecyclerViewの設定
    RecyclerView recyclerView = (RecyclerView)findViewById(R.id.rvUniversities);
    recyclerView.setAdapter(adapter);
    recyclerView.setLayoutManager(new LinearLayoutManager(this));

    ...
}
```

　ここでRecyclerViewに設定されているadapterは、RecyclerView.Adapter<UniversityList
Adapter.ViewHolder>を継承したクラスです。

　以下は、ライブクエリ登録箇所です。Universityオブジェクトのリストを扱うためにライブクエ
リを設定しています。

ListActivity.java

```java
// クエリの構築
query = QueryBuilder.select(SelectResult.all()).
    from(DataSource.database(dbMgr.database));

// ライブクエリリスナーを追加
query.addChangeListener(new QueryChangeListener() {
    @Override
    public void changed(QueryChange change) {
        ResultSet resultRows = change.getResults();
        Result row;
        List<University> universities = new ArrayList<University>();
        // リスナーコールバック内における、結果セットの反復処理
        while ((row = resultRows.next()) != null) {

            Dictionary valueMap = row.getDictionary(dbMgr.database.getName());

            ObjectMapper objectMapper = new ObjectMapper();
            objectMapper.configure(DeserializationFeature.FAIL_ON_UNKNOWN_PROPERT
IES, false);
            University university = objectMapper.convertValue(valueMap.toMap(),Un
```

```
iversity.class);
        universities.add(university);
    }

    // アダプターにデータをセット
    adapter.setUniversities(universities);

    runOnUiThread(new Runnable() {
        @Override
        public void run() {
            // アダプターへ通知
            adapter.notifyDataSetChanged();
        }
    });
    }
});

// クエリ実行
query.execute();
```

第4章　Couchbase Liteを使ってみる

4.1　はじめに

　Couchbase Liteを各プログラミング言語で利用する際の基本的な手順について解説します。

　本章の記述は、アプリケーションでCouchbase Liteを利用する際に、導入として必要な最低限の情報を提供することを目的としています。本章で紹介しているプログラミング実装は、Couchbase Liteのセットアップと基本的な機能の確認を意図したものであり、本番の開発を想定したものではないことをご認識ください。

4.2　Android Java

確認環境

・Android Studio Bumblebee | 2021.1.1 Patch 2 for Mac

プロジェクト作成

　1．Android Studioで新しい「Empty Activity」プロジェクトを作成します。
　2．「Language」として「Java」を選択します。
　3．「Minimum SDK」として「API 22: Android 5.1 (Lollipop)」を選択します。

ビルト依存関係追加

　1．GradleファイルのrepositoriesセクションにmavenCentral()が存在することを確認します。存在しない場合は、追加します。
　2．Gradleファイルのdependenciesセクションにimplementation 'com.couchbase.lite:couchbase-lite-android:3.0.0'を含めます。

　repositoriesセクションやdependenciesセクションが定義されているファイルはGradleのバージョンによって異なります。settings.gradleファイル、またはbuild.gradleファイルを確認してください。

コーディング

　MainActivity.javaファイルに変更を加えます。
　下記のインポート文を追加します。

MainActivity.java

```
import android.content.Context;
import android.util.Log;
import com.couchbase.lite.*;
```

MainActivityクラスを以下のように編集します。

MainActivity.java

```
public class MainActivity extends AppCompatActivity {

    private static final String TAG = "CBL";
    private static final String DB_NAME = "cbl";
    private Context cntx = this;

    @Override
    protected void onCreate(Bundle savedInstanceState) {
        super.onCreate(savedInstanceState);
        setContentView(R.layout.activity_main);

        // Couchbase Lite 初期化
        CouchbaseLite.init(cntx);
        Log.i(TAG,"Couchbase Lite 初期化完了");

        // データベース利用開始 (存在しない場合は、新規作成)
        Log.i(TAG, "データベース利用開始");
        DatabaseConfiguration cfg = new DatabaseConfiguration();
        Database database = null;
        try {
            database = new Database(DB_NAME, cfg);
        } catch (CouchbaseLiteException e) {
            e.printStackTrace();
        }

        // ドキュメント作成
        MutableDocument mutableDoc =
                new MutableDocument().setString("type", "user").setString("last-
name", "佐藤");

        // ドキュメント保存
        try {
            database.save(mutableDoc);
```

```java
    } catch (CouchbaseLiteException e) {
        e.printStackTrace();
    }

    // ドキュメント取得、変更、保存
    mutableDoc =
            database.getDocument(mutableDoc.getId())
                    .toMutable()
                    .setString("first-name", "太郎");
    try {
        database.save(mutableDoc);
    } catch (CouchbaseLiteException e) {
        e.printStackTrace();
    }

    // ドキュメント取得、変更結果確認
    Document document = database.getDocument(mutableDoc.getId());
    Log.i(TAG, String.format("Document ID : %s", document.getId()));
    Log.i(TAG, String.format("名前: %s %s", document.getString("last-name"),
document.getString("first-name")));

    // クエリ実行
    try {
        ResultSet rs =
                QueryBuilder.select(SelectResult.all())
                        .from(DataSource.database(database))
                        .where(Expression.property("type").equalTo(Expression
.string("user")))
                        .execute();

        for (Result result : rs) {
            Dictionary userProps = result.getDictionary(0);
            String firstName = userProps.getString("first-name");
            String lastName = userProps.getString("last-name");
            Log.i(TAG, String.format("名前: %s %s", firstName, lastName));
        }
    } catch (CouchbaseLiteException e) {
        e.printStackTrace();
    }

    // データベースクローズ
```

```
        try {
            database.close();
        } catch (CouchbaseLiteException e) {
            e.printStackTrace();
        }
    }
}
```

実行結果確認

　プロジェクトをビルドし、アプリを実行します。プログラムで行っているログ出力の内容を確認します。

　プログラムの実行によって作成されたデータベースを確認するには、Device File Explore を使うことができます。

1. エミュレーターを起動している状態で、メニューから次のように開きます。: [View] > [Tool Window] > [Device File Explore]
2. Device File Explore のツリービューで次のように展開します。: [data] > [data]
3. アプリケーションのパッケージ名のフォルダーの中の[files]の下に作成されたデータベースを確認することができます。

開発参考情報

　Couchbase Lite のセットアップ方法を含め、公式ドキュメントやAPIリファレンスなど、Androidプラットフォームでの開発に関するランディングページ(Couchbase Lite on Android[1])からアクセスすることができます。

　また、Couchbase Lite を用いた Android Java アプリケーション開発について、以下のチュートリアルが公開されています。

・User Profile Sample: Couchbase Lite Fundamentals[2]
・User Profile Sample: Couchbase Lite Query Introduction[3]
・User Profile Sample: Data Sync Fundamentals[4]

1.https://docs.couchbase.com/couchbase-lite/current/android/quickstart.html

2.https://docs.couchbase.com/tutorials/userprofile-standalone-android/userprofile_basic.html

3.https://docs.couchbase.com/tutorials/userprofile-query-android/userprofile_query.html

4.https://docs.couchbase.com/tutorials/userprofile-sync-android/userprofile_sync.html

4.3 Kotlin

確認環境

・Android Studio Bumblebee | 2021.1.1 Patch 2 for Mac

プロジェクト作成

1．Android Studioで新しい「Empty Activity」プロジェクトを作成します。
2．「Language」として「Kotlin」を選択します。
3．「Minimum SDK」として「API 22: Android 5.1 (Lollipop)」を選択します。

ビルト依存関係追加

1．setting.gradleファイルのdependencyResolutionManagementセクションのrepositories
セクションにmavenCentral()が存在することを確認します。存在しない場合は、追加します。
2．アプリケーションレベルのbuild.gradleファイルのdependenciesセクションに
implementation 'com.couchbase.lite:couchbase-lite-android-ktx:3.0.0'を 含 め
ます。

コーディング

MainActivity.ktファイルに変更を加えます。
下記のインポート文を追加します。

MainActivity.kt

```
import android.content.Context
import android.util.Log
import com.couchbase.lite.*
```

MainActivityクラスを以下のように編集します。

MainActivity.kt

```
class MainActivity : AppCompatActivity() {

    private var TAG = "CBL"
    private var DB_NAME = "cbla"
    private var cntx: Context = this

    override fun onCreate(savedInstanceState: Bundle?) {
        super.onCreate(savedInstanceState)
        setContentView(R.layout.activity_main)


        // Couchbase Lite 初期化
```

```
CouchbaseLite.init(cntx)
Log.i(TAG, "Couchbase Lite 初期化完了")

// データベース利用開始（存在しない場合は、新規作成）
Log.i(TAG, "データベース利用開始")
val cfg = DatabaseConfigurationFactory.create()
val database = Database(DB_NAME, cfg)

// ドキュメント作成
var mutableDoc = MutableDocument().setString("type",
"user").setString("last-name", "佐藤")

// ドキュメント保存
database.save(mutableDoc)

// ドキュメント取得、変更、保存
mutableDoc = database.getDocument(mutableDoc.id)!!.toMutable().setString
("first-name", "太郎")
database.save(mutableDoc)

// ドキュメント取得、変更結果確認
val document = database.getDocument(mutableDoc.id)!!
Log.i(TAG, "ドキュメントID: ${document.id}")
Log.i(TAG, "名前: ${document.getString("last-name")}
${document.getString("first-name")}")

// クエリ実行
val rs = QueryBuilder.select(SelectResult.all())
    .from(DataSource.database(database))
    .where(Expression.property("type").equalTo(Expression.string("user")))
    .execute()

for (result in rs) {
    val userProps = result.getDictionary(0)
    val firstName = userProps!!.getString("first-name")
    val lastName = userProps.getString("last-name")
    Log.i(TAG, "名前: ${lastName} ${firstName}")
}

// データベースクローズ
```

```
        database.close()
    }
```

実行結果確認

Android Javaの場合と同様のため省略します。

開発参考情報

Kotlinでの開発に関する情報は、先に紹介したAndroidプラットフォームでの開発に関するランディングページ(Couchbase Lite on Android[5])からアクセスすることができます。

Couchbase Kotlin APIは、Java APIと同等の機能を備えています。Kotlin開発者は、Java APIとの完全な互換性に加えて、Kotlin拡張機能を利用できます。Kotlin拡張機能には以下が含まれています。

Flow[6]機能を使用して、データベースやドキュメント等のCouchbase Liteオブジェクトの変更を監視することができます。

```
GlobalScope.launch(Dispatchers.Default) {
    userprofileDatabase?.databaseChangeFlow()?
      .map {
          it.documentIDs
      }
      .onEach { ids ->  for (docId in ids) {
          val doc: Document =
              userprofileDatabase.getDocument(docId)
          if (doc != null) {
              Log.i("DatabaseChangeEvent", "Document was added/updated")
          } else {
              Log.i("DatabaseChangeEvent", "Document was deleted")
          }
      }}
      .catch { throw it }
      .collect()
      }
    }
  }
}
```

5.https://docs.couchbase.com/couchbase-lite/current/android/quickstart.html

6.https://developer.android.com/kotlin/flow

名前付きパラメーターを活用してデータベースやレプリケーターなどの各種プロパティー設定を行うことができます。

```
val config = ReplicatorConfigurationFactory.create(
    database = userProfileDatabase,
    target = URLEndpoint(url),
    type = ReplicatorType.PULL,
    continuous = true,
    authenticator = BasicAuthenticator(username, password),
    channels = Arrays.asList("channel1"))
```

メソッドのパラメーターと返り値に対して@Nullableまたは@NonNullアノテーションを利用することができます。

```
@NonNull
public final ReplicatorConfiguration setChannels(@Nullable List<String> channels)
{
...
}
```

Kotlin拡張APIの詳細については、API Doc[7]を参照ください。

4.4　Swift

　Swiif開発のために、Couchbase Liteを利用する場合、ダウンロードサイトからダウンロードする他、Carthage、CocoaPods、そしてSwiftパッケージマネージャーを利用する方法があります。

　ここでは、Swiftパッケージマネージャーを利用したセットアップについて説明します。

　その他の方法については、ドキュメント[8]を参照ください。

確認環境

・Xcode Version 12.4

プロジェクト作成

1．Xcodeで、新しいプロジェクトを作成します。
2．iOSプラットフォームの[App]アプリケーションを選択します。
3．[Interface]として、「SwiftUI」と「UIKit」のいずれかを選択します。

7.https://docs.couchbase.com/mobile/3.0.0/couchbase-lite-android-ktx/

8.https://docs.couchbase.com/couchbase-lite/current/swift/gs-install.html

Swiftパッケージマネージャーによるセットアップ

Swiftパッケージマネージャーを使用して、Couchbase Liteをセットアップする手順を紹介します (Swiftパッケージマネージャーを使用してCouchbase Lite SwiftをインストールするにはXcodeの バージョン12以上が必要です)。

サイドメニューのツリービューの[PROJECT]セクションのプロジェクト名(~.xcodepojファイル) を選択し、[Swift Packages]タブを開きます。

図4.1: Swift Packages画面

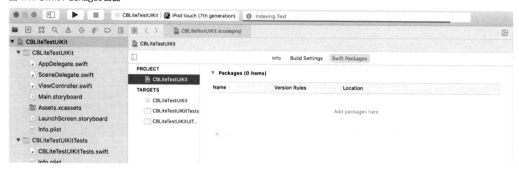

[+]アイコンを押下し、[Choose Package Repository]ダイアログを表示します。 入力欄に次のURLを入力します。

```
https://github.com/couchbase/couchbase-lite-ios.git
```

エンタープライズエディションを利用する場合は、以下のURLを利用します。

```
https://github.com/couchbase/couchbase-lite-swift-ee.git
```

図 4.2: Choose Package Repository ダイアログ

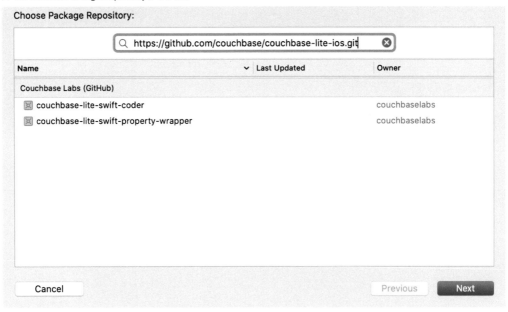

[Next]ボタンを押下します。[Choose Package Options]ダイアログが表示されます。バージョン
を確認します。

図 4.3: Choose Package Options ダイアログ

[Next]ボタンを押下します。

パッケージのプロジェクトへの追加を確認するダイアログが表示されます。[Choose package

products and targes:]テーブルに、「CouchbaseLiteSwift」パッケージが表示されます。右端のチェックボックスをチェックし、[Finish]ボタンを押下します。

[Swift Packages]タブの[Packages]セクションに、追加されたパッケージの名前、バージョン、URLが表示されます。

図4.4: Packages セクション

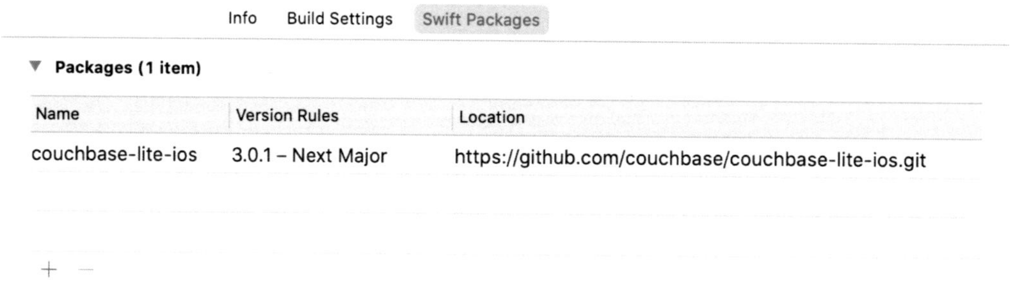

	Info	Build Settings	Swift Packages

▼ **Packages (1 item)**

Name	Version Rules	Location
couchbase-lite-ios	3.0.1 – Next Major	https://github.com/couchbase/couchbase-lite-ios.git

+ −

これで、Couchbase Lite をアプリで使用できるようになりました。

コーディング

「UIKit」を選択した場合は、ViewController.swift を編集します。
「SwiftUI」を選択した場合は、ContentView.swift を編集します。
下記のインポート文を追加します。

MainActivity.kt

```
import CouchbaseLiteSwift
```

下記の関数を追加します。

```
func getStarted () {
    // データベース作成または取得（再実行時）
    let database: Database
    do {
        database = try Database(name: "mydb")
    } catch {
        fatalError("Error opening database")
    }

    // ドキュメント作成
    let mutableDoc = MutableDocument().setString("佐藤", forKey: "lastname")
        .setString("user", forKey: "type")

    // ドキュメント保存
```

```swift
    do {
        try database.saveDocument(mutableDoc)
    } catch {
        fatalError("Error saving document")
    }

    // ドキュメント取得、変更、保存
    if let mutableDoc = database.document(withID: mutableDoc.id)?.toMutable() {
        mutableDoc.setString("太郎", forKey: "firstname")
        do {
            try database.saveDocument(mutableDoc)

            let document = database.document(withID: mutableDoc.id)!
            print("ドキュメントID: \(document.id)!)")
            print("名前: \(document.string(forKey: "lastname")!)
\(document.string(forKey: "firstname")!)")
        } catch {
            fatalError("Error updating document")
        }
    }

    // クエリ
    print("クエリ実行")
    let query = QueryBuilder
        .select(SelectResult.all())
        .from(DataSource.database(database))
        .where(Expression.property("type").equalTo(Expression.string("user")))

    do {
        let result = try query.execute()
        print("ユーザー数: \(result.allResults().count)")
    } catch {
        fatalError("Error running the query")
    }

    do {
        try database.close()
    } catch {
        fatalError("Error running the query")
    }
}
```

追加した関数がアプリ起動時に実行されるようにします。

ContentView.swift

```
import SwiftUI
import CouchbaseLiteSwift


struct ContentView: View {
    var body: some View {
        Text("Hello, world!")
            .padding()
            .onAppear {
                getStarted ()
            }
    }

    func getStarted () {
```

ViewController.swift

```
import UIKit
import CouchbaseLiteSwift

class ViewController: UIViewController {

    override func viewDidLoad() {
        super.viewDidLoad()

        getStarted()
    }

    func getStarted () {
```

実行結果確認

　プロジェクトをビルドしてアプリを実行します。プログラムで行っているログ出力の内容を確認します。
　以下のように、作成されたデータベースファイルを確認できます。

```
$ cd ~/Library/Developer/CoreSimulator/Devices
$ find . -name "mydb.cblite2"
./5C245945-C956-495A-B7CB-D646905E95C7/data/Containers/Data/Application/4E0B4959
```

```
-9D0B-4181-A2E6-F3D3A233D5A9/Library/Application Support/CouchbaseLite/mydb.cbli
te2
```

開発参考情報

　Couchbase Lite のセットアップ方法を含め、公式ドキュメントやAPIリファレンスなど、公式ド
キュメントやAPIリファレンスまで、Swift での開発に関するランディングページ(Couchbase Lite
on Swift[9])からアクセスすることができます。

　また、Couchbase Lite を用いたSwift アプリケーション開発について、以下のチュートリアルが公
開されています。

・User Profile Sample: Couchbase Lite Fundamentals[10]
・User Profile Sample: Couchbase Lite Query Introduction[11]
・User Profile Sample: Data Sync Fundamentals[12]

4.5　Objective-C

　Objective-C 開発のために、Couchbase Lite を利用する場合、ダウンロードサイトからダウンロー
ドする他、Carthage、CocoaPods を利用する方法があります。

　ここでは、Carthage[13]を利用したセットアップについて説明します。

　その他の方法については、ドキュメント[14]を参照ください。

確認環境

・Xcode Version 12.4
・Carthage 0.38.0

プロジェクト作成

1．Xcodeで、新しいプロジェクトを作成します。
2．iOSプラットフォームの[App]アプリケーションを選択します。
3．[Interface]として、「Storyboard」を選択し、[Language]に、「Objective-C」を使います。

Carthageによるセットアップ

　Cartfileを作成し、以下の内容を記載します。

9.https://docs.couchbase.com/couchbase-lite/current/swift/quickstart.html

10.https://docs.couchbase.com/tutorials/userprofile-standalone/userprofile_basic.html

11.https://docs.couchbase.com/tutorials/userprofile-query/userprofile_query.html

12.https://docs.couchbase.com/tutorials/userprofile-sync/userprofile_sync.html

13.https://github.com/Carthage/Carthage

14.https://docs.couchbase.com/couchbase-lite/current/objc/gs-install.html

Community Edition の場合

```
binary "https://packages.couchbase.com/releases/couchbase-lite-ios/carthage/Couch
baseLite-Community.json" ~> 3.0.0
```

Enterprise Edition の場合

```
binary "https://packages.couchbase.com/releases/couchbase-lite-ios/carthage/Couch
baseLite-Enterprise.json" ~> 3.0.0
```

Cartfile を作成した場所で、以下のコマンドを実行します。

```
$ carthage update --platform ios
```

Carthage/Build/ に作成された CouchbaseLite.xcframework を Xcode のナビゲーターエリアに
ドラッグします。

図4.5: Xcode ナビゲーター画面

サイドメニューのツリービューの[TARGETS]セクションのプロジェクト名を選択し、[General]
タブの [Framework, Libraries, and Embeded Content]セクションを確認します

図 4.6: Xcode General 画面

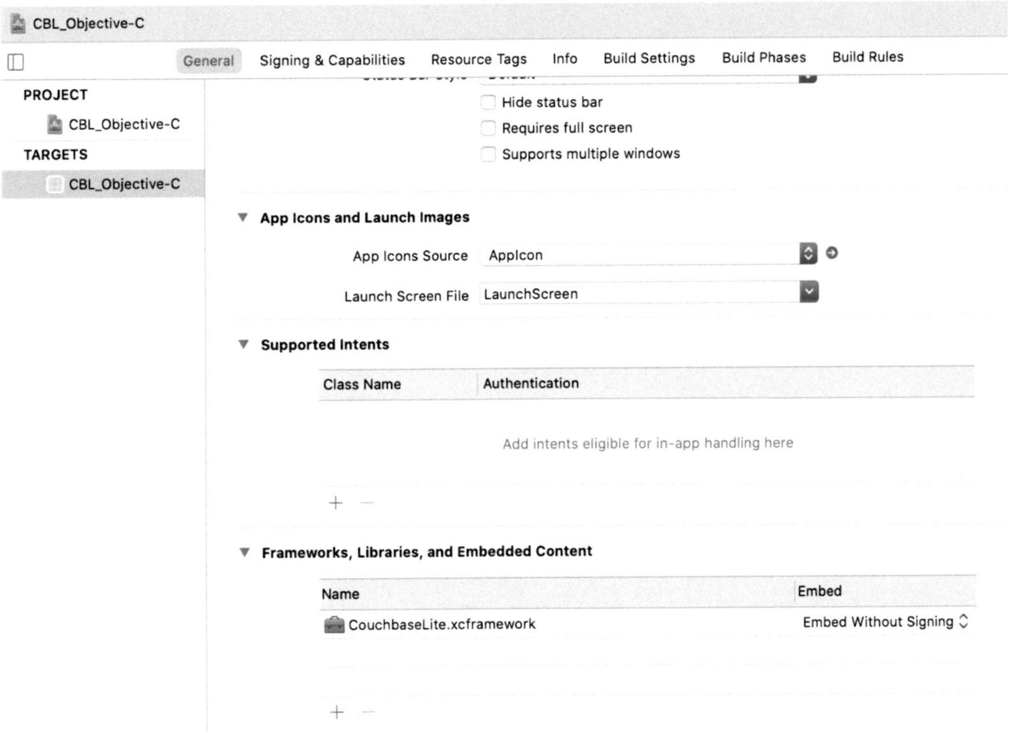

コーディング

ViewController.m の `viewDidLoad` メソッドを編集します。
下記のインポート文を追加します。

ViewController.m

```
#import <CouchbaseLite/CouchbaseLite.h>
```

ViewController.m の全体を示します。

ViewController.m

```
#import "ViewController.h"

#import <CouchbaseLite/CouchbaseLite.h>

@interface ViewController ()

@end

@implementation ViewController
```

```objc
- (void)viewDidLoad {
    [super viewDidLoad];

    NSError *error;
    CBLDatabase *database = [[CBLDatabase alloc] initWithName:@"mydb"
error:&error];

    // ドキュメント作成
    CBLMutableDocument *mutableDoc = [[CBLMutableDocument alloc] init];
    [mutableDoc setString:@"佐藤" forKey:@"lastname"];
    [mutableDoc setString:@"user" forKey:@"type"];

    // ドキュメント保存
    [database saveDocument:mutableDoc error:&error];

    // ドキュメント取得、変更、保存
    CBLMutableDocument *mutableDoc2 =
        [[database documentWithID:mutableDoc.id] toMutable];
    [mutableDoc2 setString:@"太郎" forKey:@"firstname"];
    [database saveDocument:mutableDoc2 error:&error];


    CBLDocument *document = [database documentWithID:mutableDoc2.id];
    // ドキュメントIDとプロパティーの出力
    NSLog(@"ドキュメントID: %@", document.id);
    NSLog(@"タイプ: %@", [document stringForKey:@"type"]);
    NSLog(@"ユーザー名: %@ %@", [document stringForKey:@"lastname"], [document
stringForKey:@"firstname"]);

    // クエリ作成
    CBLQueryExpression *type =
        [[CBLQueryExpression property:@"type"] equalTo:[CBLQueryExpression
string:@"user"]];
    CBLQuery *query = [CBLQueryBuilder select:@[[CBLQuerySelectResult all]]
                                        from:[CBLQueryDataSource
database:database]
                                       where:type];

    // クエリ実行
    CBLQueryResultSet *result = [query execute:&error];
    NSLog(@"ユーザー数: %lu", (unsigned long)[[result allResults] count]);
```

```
  // データベースクローズ
  if (![database close:&error])
      NSLog(@"Error closing db:%@", error);


}


@end
```

実行結果確認

　プロジェクトをビルドしてアプリを実行します。プログラムで行っているログ出力の内容を確認します。

開発参考情報

　Couchbase Lite のセットアップ方法を含め、公式ドキュメントや API リファレンスなど、Objective-C での開発に関するランディングページ (Couchbase Lite on Objective-C[15]) からアクセスすることができます。

4.6　C#.NET

確認環境

　・Visual Studio for Mac COMMUNITY 8.10.2 (build 4)

プロジェクト作成

　C#.NET で Couchbase Lite を使う方法を簡潔に示すため、コンソールアプリとしてプロジェクトを作成します。ここでは、フレームワークに「.NET5.0」を選んでいます。

NuGet によるセットアップ

1. メニューから、プロジェクト > 「NuGet パッケージの管理...(Manage NuGet Packages...)」を開きます。
2. 右上の「検索」フォームに「couchbase」と入力し、表示された項目から「Couchbase.Lite」を選びます。これは、コミュニティーエディションにあたります。エンタープライズエディションの場合は、「Couchbase.Lite.Enterprise」を選択します。
3. 「パッケージの追加」ボタンを押下し、ダイアログの指示に従って進めていくと、Couchbase.Lite が依存関係に追加されます。

15.https://docs.couchbase.com/couchbase-lite/current/objc/quickstart.html

図4.7: NuGetパッケージ管理ダイアログ

図4.8: 依存関係ツリービュー

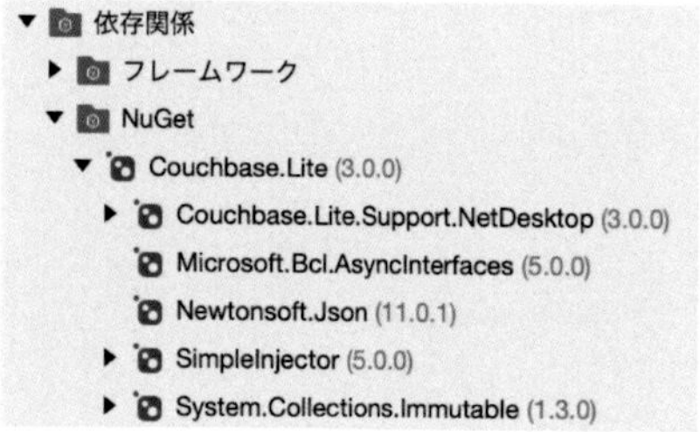

- ▼ 🖼 依存関係
  - ▶ 🖼 フレームワーク
  - ▼ 🖼 NuGet
    - ▼ 🅱 Couchbase.Lite (3.0.0)
      - ▶ 🅱 Couchbase.Lite.Support.NetDesktop (3.0.0)
      - 🅱 Microsoft.Bcl.AsyncInterfaces (5.0.0)
      - 🅱 Newtonsoft.Json (11.0.1)
    - ▶ 🅱 SimpleInjector (5.0.0)
    - ▶ 🅱 System.Collections.Immutable (1.3.0)

コーディング

Program.csファイルを編集します。
下記のインポート文を追加します。

Program.cs

```
using Couchbase.Lite;
using Couchbase.Lite.Query;
```

Mainの内容を以下のように編集します。

Program.cs

```csharp
static void Main(string[] args)
{

    // データベース利用開始（存在しない場合は、新規作成）
    Console.WriteLine("データベース利用開始");
    var database = new Database("mydb");


    // ドキュメント作成・保存
    string id = null;
    using (var mutableDoc = new MutableDocument())
    {
        mutableDoc.SetString("lastname", "佐藤")
            .SetString("type", "user");

        database.Save(mutableDoc);
        id = mutableDoc.Id;
    }


    // ドキュメント取得・更新
    using (var doc = database.GetDocument(id))
    using (var mutableDoc = doc.ToMutable())
    {
        mutableDoc.SetString("firstname", "太郎");
        database.Save(mutableDoc);

        using (var docAgain = database.GetDocument(id))
        {
            Console.WriteLine($"ドキュメントID: {docAgain.Id}");
            Console.WriteLine($"名前: {docAgain.GetString("lastname")}
{docAgain.GetString("firstname")}");
        }
    }


    // クエリ実行
    using (var query = QueryBuilder.Select(SelectResult.All())
        .From(DataSource.Database(database))
        .Where(Expression.Property("type").EqualTo(Expression.String("user"))))
    {
        // Run the query
        var result = query.Execute();
```

```
        Console.WriteLine($"ユーザー数: {result.AllResults().Count}");
    }


    // データベースクローズ
    database.Close();


}
```

実行結果確認

　プロジェクトをビルドしてアプリを実行します。プログラムで行っているログ出力の内容を確認します。

　下記のように作成されたデータベースを確認することができます。

```
$ find bin -name "*.cblite2"
bin/Debug/net5.0/CouchbaseLite/mydb.cblite2
```

開発参考情報

　Couchbase Lite のセットアップ方法を含め、公式ドキュメントや API リファレンスなど、C#.Net での開発に関するランディングページ(Couchbase Lite on C#.Net[16])からアクセスすることができます。

4.7　C/C++

確認環境

・Raspberry Pi 3 Model B+

　OSの情報について、実環境での出力結果を示します。

```
$ cat /etc/debian_version
9.4
$ cat /etc/issue
Raspbian GNU/Linux 9 \n \l
$ uname -a
Linux raspberrypi 4.14.50-v7+ #1122 SMP Tue Jun 19 12:26:26 BST 2018 armv7l
GNU/Linux
```

16.https://docs.couchbase.com/couchbase-lite/current/csharp/quickstart.html

APTによるセットアップ

　UbuntuおよびDebianプラットフォームにCouchbase Liteをインストールする場合、Advanced Package Toolを使用することができます。

　依存関係を含め、Couchbase Liteを自動的に取得してインストールするために必要となるメタパッケージをダウンロードします。

　URLは、以下です。

https://packages.couchbase.com/releases/couchbase-release/couchbase-release-1.0-noarch.deb

　たとえば、以下のようにcurlコマンドを用いることができます。

```
$ curl -O https://packages.couchbase.com/releases/couchbase-release/couchbase-release-1.0-noarch.deb
```

　メタパッケージをインストールします。

```
$ sudo apt install ./couchbase-release-1.0-noarch.deb
```

　ローカルパッケージデータベースを更新します

```
$ sudo apt update
```

　パッケージをインストールします。
　以下は、コミュニティーエディションを使う場合の例です。

```
$ sudo apt install libcblite-dev-community
```

　エンタープライズエディションを利用する場合は、以下のように行います。

```
$ sudo apt install libcblite-dev
```

　開発用のパッケージをインストールする例を紹介しましたが、ランタイムのみのパッケージをインストールする場合は、パッケージ名はそれぞれlibcblite-community、libcbliteとなります。

コーディング

　下記の内容を持つファイルを作成します。

cbltest.c

```c
#include "cbl/CouchbaseLite.h"

int main(void) {
    CBLError err;
    CBLDatabase* database = CBLDatabase_Open(FLSTR("mydb"), NULL, &err);

    if(!database) {
        fprintf(stderr, "Error opening database (%d / %d)\n", err.domain,
err.code);
        FLSliceResult msg = CBLError_Message(&err);
        fprintf(stderr, "%.*s\n", (int)msg.size, (const char *)msg.buf);
        FLSliceResult_Release(msg);
        return 1;
    }

    // ドキュメント作成
    CBLDocument* mutableDoc = CBLDocument_Create();
    FLMutableDict properties = CBLDocument_MutableProperties(mutableDoc);
        FLMutableDict_SetString(properties, FLSTR("type"), FLSTR("user"));
    FLMutableDict_SetString(properties, FLSTR("lastname"), FLSTR("佐藤"));

    // ドキュメント保存
    CBLDatabase_SaveDocument(database, mutableDoc, &err);
    if(!CBLDatabase_SaveDocument(database, mutableDoc, &err)) {
        fprintf(stderr, "Error saving a document (%d / %d)\n", err.domain,
err.code);
        FLSliceResult msg = CBLError_Message(&err);
        fprintf(stderr, "%.*s\n", (int)msg.size, (const char *)msg.buf);
        FLSliceResult_Release(msg);
        return 1;
    }

    // ドキュメントIDを保存し、ドキュメントのメモリーを解放
    // (注. FLSliceResultやFLStringResultとして確保した変数は明示的な解放が必要)
    FLStringResult id = FLSlice_Copy(CBLDocument_ID(mutableDoc));
    CBLDocument_Release(mutableDoc);

    // ドキュメント取得
    mutableDoc =
        CBLDatabase_GetMutableDocument(database, FLSliceResult_AsSlice(id),
```

```
&err);
    if(!mutableDoc) {
        fprintf(stderr, "Error getting a document (%d / %d)\n", err.domain,
err.code);
        FLSliceResult msg = CBLError_Message(&err);
        fprintf(stderr, "%.*s\n", (int)msg.size, (const char *)msg.buf);
        FLSliceResult_Release(msg);
        return 1;
    }

    // ドキュメント更新・保存
    properties = CBLDocument_MutableProperties(mutableDoc);
    FLMutableDict_SetString(properties, FLSTR("firstname"), FLSTR("太郎"));
    if(!CBLDatabase_SaveDocument(database, mutableDoc, &err)) {
        fprintf(stderr, "Error saving a document (%d / %d)\n", err.domain,
err.code);
        FLSliceResult msg = CBLError_Message(&err);
        fprintf(stderr, "%.*s\n", (int)msg.size, (const char *)msg.buf);
        FLSliceResult_Release(msg);
        return 1;
    }

    // リードオンリーでドキュメントを取得（注．constを指定しています）
    const CBLDocument* docAgain =
        CBLDatabase_GetDocument(database, FLSliceResult_AsSlice(id), &err);
    if(!docAgain) {
        fprintf(stderr, "Error getting a document (%d / %d)\n", err.domain,
err.code);
        FLSliceResult msg = CBLError_Message(&err);
        fprintf(stderr, "%.*s\n", (int)msg.size, (const char *)msg.buf);
        FLSliceResult_Release(msg);
        return 1;
    }

    // ここでは、コピーを行っていないため、後のメモリー解放は不要（注．下記ではFLStringを利用し、
FLStringResultでないことに留意）
    FLString retrievedID = CBLDocument_ID(docAgain);
    FLDict retrievedProperties = CBLDocument_Properties(docAgain);
    FLString retrievedType = FLValue_AsString(FLDict_Get(retrievedProperties,
FLSTR("type")));
    printf("ドキュメントID: %.*s\n", (int)retrievedID.size, (const char
```

```
*)retrievedID.buf);
    printf("タイプ: %.*s\n", (int)retrievedType.size, (const char
*)retrievedType.buf);

    CBLDocument_Release(mutableDoc);
    CBLDocument_Release(docAgain);
    FLSliceResult_Release(id);

    // クエリ作成と実行
    int errorPos;
    CBLQuery* query = CBLDatabase_CreateQuery(database, kCBLN1QLLanguage,
FLSTR("SELECT * FROM _ WHERE type = \"user\""), &errorPos, &err);
    if(!query) {
        fprintf(stderr, "Error creating a query (%d / %d)\n", err.domain,
err.code);
        FLSliceResult msg = CBLError_Message(&err);
        fprintf(stderr, "%.*s\n", (int)msg.size, (const char *)msg.buf);
        FLSliceResult_Release(msg);
        return 1;
    }
    CBLResultSet* results = CBLQuery_Execute(query, &err);
    if(!results) {
        fprintf(stderr, "Error executing a query (%d / %d)\n", err.domain,
err.code);
        FLSliceResult msg = CBLError_Message(&err);
        fprintf(stderr, "%.*s\n", (int)msg.size, (const char *)msg.buf);
        FLSliceResult_Release(msg);
        return 1;
    }
    while(CBLResultSet_Next(results)) {
        FLDict dict = FLValue_AsDict(CBLResultSet_ValueForKey(results,
FLSTR("_")));

        FLString firstname = FLValue_AsString(FLDict_Get(dict,
FLSTR("firstname")));
                FLString lastname = FLValue_AsString(FLDict_Get(dict,
FLSTR("lastname")));

        printf("名前: %.*s", (int)lastname.size, (const char *)lastname.buf);
                printf(" %.*s\n", (int)firstname.size, (const char
*)firstname.buf);
```

```
    }

    CBLResultSet_Release(results);
    CBLQuery_Release(query);

    // データベースクローズ
    CBLDatabase_Close(database, &err);

    return 0;
}
```

実行結果確認

　下記のようにコンパイルします。

```
$ gcc -g -o cbltest cbltest.c -lcblite
```

コンパイルの結果、生成されたcbltestを実行します。

```
$ ./cbltest
```

プログラムで行っているログ出力の内容を確認します。
実行後、下記のようにCouchbase Liteデータベースファイルが作成されます。

```
$ ls -1
mydb.cblite2
```

開発参考情報

　Couchbase Liteのセットアップ方法を含め、公式ドキュメントやAPIリファレンスなど、C/C++
での開発に関するランディングページ(Couchbase Lite on C[17])からアクセスすることができます。

17.https://docs.couchbase.com/couchbase-lite/current/c/quickstart.html

第5章　Couchbase LiteクエリビルダーAPI

Couchbase LiteのクエリビルダーAPI[1]について解説します。

5.1　SELECT

SELECTステートメントでは、クエリの結果セットを指定します。

結果セットとして、特定のプロパティーのみを取得することも、ドキュメント全体を取得することもできます。また、ドキュメントIDや、検索結果件数の取得も可能です。

クエリの結果セットは配列です。配列を構成する各要素はJSONオブジェクトですが、各要素の構成はSELECTステートメントに指定された内容によって決定されます。

クエリビルダーAPIにおいて、SELECTステートメントに指定する内容は、SelectResultクラスで表現されます。

すべてのプロパティーを取得

すべてのプロパティーを取得するには、SelectResult.all()メソッドを使います。

```
Query query = QueryBuilder.select(SelectResult.all()).from(DataSource.database(da
tabase));
```

この場合の結果セットは、配列の要素オブジェクトごとにデータベース名を唯一のキーとして持ち、その値はドキュメントの各プロパティーをキーと値のペアとする辞書型オブジェクトです。

次の例を参照ください。

```
[
  {
    "hotels": {
      "id": "hotel123",
      "type": "hotel",
      "name": "Hotel California",
        "city": "California"
    }
  },
  {
    "hotels": {
```

1.https://docs.couchbase.com/couchbase-lite/current/android/querybuilder.html

```
      "id": "hotel456",
      "type": "hotel",
      "name": "Chelsea Hotel",
          "city": "New York"
    }
  }
]
```

　以下は、すべてのプロパティーを取得した場合の結果セットの利用例です。Result オブジェクトにはデータベース名をキーとした辞書型オブジェクトのエントリーがただひとつ存在します。

```
for (Result result : query.execute().allResults()) {

    Dictionary props = result.getDictionary(0);
    String id = props.getString("id");
    String name = props.getString("name");
    String city = props.getString("city");
}
```

特定のプロパティーを取得

　特定のプロパティーを指定して取得するには、クエリの SELECT ステートメントで、プロパティーごとにひとつずつ、カンマで区切られたアイテムのリストを用います。

```
Query query = QueryBuilder.select(
              SelectResult.property("id"),
              SelectResult.property("type"),
              SelectResult.property("name"))
              .from(DataSource.database(database));
```

　この場合、結果セットの配列に含まれる要素オブジェクトは、指定したプロパティーのキーと値のペアで構成されます。
　次の例を参照してください。

```
[
  {
    "name": "Hotel California",
        "city": "California"
  },
  {
```

```
        "name": "Chelsea Hotel",
        "city": "New York"
    }
]
```

以下は、特定のプロパティーを取得した場合の結果セットの利用例です。

```
for (Result result : query.execute().allResults()) {

    String name = result.getString("name");
    String city = result.getString("city");
}
```

ドキュメントID取得

以下は、ドキュメントIDを取得するクエリの例です。

```
Query query = QueryBuilder.select(SelectResult.expression(Meta.id).as("id"))
  .from(DataSource.database(database));
```

結果セットは、以下のようなJSONオブジェクトの配列になります。

```
[
  { "id": "123" },
  { "id": "456" }
]
```

件数取得

以下は、ドキュメントの件数を取得するクエリの例です。

```
Query query = QueryBuilder.select(
    SelectResult.expression(Function.count(Expression.string("*"))).as("count"))
    .from(DataSource.database(database));
```

結果セットは、以下のようにエイリアス名と件数の組み合わせになります。

```
{ "count": 6 }
```

5.2 WHERE

WHERE句を使用して、クエリによって返されるドキュメントの選択基準を指定できます。WHERE句のフィルタリングを実現するために、任意の数の式を組み合わせることができます。

クエリビルダーAPIにおいてWHERE句を表現するためには、Expressionクラスが使われます。

比較演算子

WHERE句では、条件を指定するために比較演算子を使用することができます。

以下のコードは、「type」プロパティーが「hotel」に等しいドキュメントを選択しています。

```
Query query = QueryBuilder.select(SelectResult.all())
            .from(DataSource.database(database))
            .where(Expression.property("type").equalTo(Expression.string("hot
el")));
```

IN

IN演算子は、対象を複数指定する場合に使います。

次の例では「name」プロパティーの値が、「Foo」、「Bar」または「Baz」のいずれかに等しいドキュメントを検索します。

```
Expression[] values = new Expression[] {
  Expression.string("Foo"),
  Expression.string("Bar"),
  Expression.string("Baz")
};

Query query = QueryBuilder.select(SelectResult.all())
  .from(DataSource.database(database))
  .where(Expression.property("name").in(values));
```

次の例では「first」、「last」または「username」のいずれかのプロパティーの値が「Cameron」に等しいドキュメントを検索します。

```
Expression[] properties = new Expression[] {
  Expression.property("first"),
  Expression.property("last"),
  Expression.property("username")
};
```

```
Query query = QueryBuilder.select(SelectResult.all())
  .from(DataSource.database(database))
  .where(Expression.string("Cameron").in(properties));
```

文字列マッチング(LIKE)

　文字列マッチングのために、LIKE演算子を使用することができます。

　LIKE演算子を用いた文字列マッチングでは、大文字と小文字が区別されます。大文字と小文字を区別しないマッチングを実行するには、関数(Function.lower または Function.upper)を使用して、大文字と小文字の違いを取り除きます。

　SQL同様、以下の二種類の照合が可能です。

・ワイルドカードマッチ(%): 0個以上の文字に一致します。
・キャラクターマッチ(_): 1文字に一致します。

　以下に例を示します。
　「%」記号を使用して、0個以上の文字に対してワイルドカードマッチを行うことができます。
　以下の例では、"eng%e%"という指定により、「name」プロパティーの値に対してワイルドカードマッチを行います。

```
Query query = QueryBuilder.select(SelectResult.all())
  .from(DataSource.database(database))
  .where(Expression.property("type").equalTo(Expression.string("landmark"))
  .and(Function.lower(Expression.property("name")).like(Expression.string("eng%e
%"))));
```

　「_」記号を使用して、単一の文字に対するキャラクターマッチを行うことができます。
　以下の例では、"eng____r"という指定により、「name」プロパティーの値に対して、キャラクターマッチを行います。「eng」で始まり、その後に正確に4つの任意の文字が続き、最後が「r」で終わる文字列に一致するドキュメントを検索しています。

```
Query query = QueryBuilder.select(SelectResult.all())
  .from(DataSource.database(database))
  .where(Expression.property("type").equalTo(Expression.string("landmark"))
  .and(Function.lower(Expression.property("name")).like(Expression.string("eng___
_r"))));
```

正規表現演算子

LIKE式表現に加えて、正規表現によるパターンマッチングを利用することができます。正規表現によるパターンマッチングを行うためのregexメソッドが提供されています。

以下の例では、「name」プロパティーの値が、「eng」で始まり「r」で終わる任意の文字列に一致するデータを検索しています。

```
Query query = QueryBuilder.select(SelectResult.all())
  .from(DataSource.database(database))
  .where(Expression.property("type").equalTo(Expression.string("landmark")))
  .and(Function.lower(Expression.property("name"))
  .regex(Expression.string("\\beng.*r\\b"))));
```

Couchbase Liteで使用される正規表現仕様の詳細については、cplusplus.com正規表現リファレンスページ[2]を参照ください。

NULLおよび未定義値

NULL値の扱いは、SQLに準じています。JSONデータは、プロパティーの値としてnullを指定できます。一方、存在していない値について、プロパティー自体を設けないこともできます。

NULLと未定義値を区別する必要はない場合があります。その場合に、クエリを簡潔に表現することのできるisValuedとisNotValuedメソッドが用意されています。[3]これらは、プロパティー自体が定義されていないことと、プロパティーの値がnullであることを区別しません。

次の例は、「email」プロパティーが定義されており、かつnull以外の何らかの値を持っているドキュメントを検索しています。

```
Query query = QueryBuilder
  .select(SelectResult.expression(Expression.property("email")))
  .from(DataSource.database(database))
  .where(Expression.property("email").isValued());
```

メタデータ

ドキュメントのメタデータを条件としてクエリを行うことが可能です。

以下の例では、ドキュメント有効期限が5分以内のドキュメントを検索しています。

2.http://www.cplusplus.com/reference/regex/ECMAScript/

3.https://docs.couchbase.com/mobile/3.0.0/couchbase-lite-java/com/couchbase/lite/Expression.html#isValued()

```
Instant fiveMinutesFromNow = Instant.now().plus(5, ChronoUnit.MINUTES);

Query query = QueryBuilder.select(SelectResult.expression(Meta.id))
    .from(DataSource.database(database))
    .where(Meta.expiration.lessThan(
        Expression.doubleValue(fiveMinutesFromNow.toEpochMilli())));
```

配列

　WHERE句の中で、配列型のプロパティーを持つドキュメントに対して、配列の要素を用いたフィルタリングを行うことが可能です。

　指定された値が配列に存在するかどうかを確認するために、ArrayFunctionクラスを利用できます。

　次の例では、配列型の値を持つ「like」プロパティーに「Graham Nash」と等しい値が含まれているドキュメントを検索します。

　以下のように、プロパティーの値が配列となっているドキュメントに対して用います。

```
{
  "id": "hotel456",
  "type": "hotel",
  "name": "Chelsea Hotel",
  "city": "New York"
  "like": ["Leonard Cohen", "Graham Nash", "Nico"]
}
Query query = QueryBuilder.select(SelectResult.all())
  .from(DataSource.database(database))
  .where(Expression.property("type").equalTo(Expression.string("hotel"))
    .and(ArrayFunction.contains(Expression.property("like"),
        Expression.string("Graham Nash"))));
```

　Couchbase LiteのN1QLは、配列型のプロパティーに対する、より複雑な検索条件を利用する方法を提供しています。これは、クエリビルダーAPIでも、SQL++/N1QL APIでも同様に利用可能です。ただしSQLには存在しない構文であるため、クエリ文字列の方が理解しやすいと思われるため、配列に対する高度な検索については、SQL++/N1QLクエリAPIの解説において扱います。

　クエリビルダーAPIを用いた詳細な解説について、Couchbase Blog: How to Query Array Collections in Couchbase Lite[4]を参考として紹介します。

4.https://blog.couchbase.com/querying-array-collections-couchbase-mobile/

5.3　JOIN

　JOIN句を用いて、指定された基準によってリンクされた複数のデータソースからデータを選択できます。

　Couchbase Liteには、リレーショナルデータベースにおけるテーブルに対応する概念が存在しないため、クエリの照会先データソースはデータベースそのものです。Couchbase Liteでは、データベースはファイルに対応しており、複数のデータベース(ファイル)間の結合はサポートされていません。[5] そのため、Couchbase Liteにおける結合は自己結合となります。

　以下は、航空会社(airline)の情報を、ルート(route)の情報と組み合わせる例です。それぞれ「type」プロパティーとして「airline」と「route」を持ち、「route」タイプのドキュメントには、「airline」タイプのドキュメントのドキュメントIDが、プロパティー「airlineid」として格納されています。

```
Query query = QueryBuilder.select(
  SelectResult.expression(Expression.property("name").from("airline")),
  SelectResult.expression(Expression.property("callsign").from("airline")),
  SelectResult.expression(Expression.property("destinationairport").from("route
")),
  SelectResult.expression(Expression.property("stops").from("route")),
  SelectResult.expression(Expression.property("airline").from("route")))
  .from(DataSource.database(database).as("airline"))
  .join(Join.join(DataSource.database(database).as("route"))
  .on(Meta.id.from("airline").equalTo(Expression.property("airlineid").from("rout
e"))))
  .where(Expression.property("type").from("route").equalTo(Expression.string("rou
te"))
  .and(Expression.property("type").from("airline").equalTo(Expression.string("air
line")))
  .and(Expression.property("sourceairport")
  .from("route").equalTo(Expression.string("RIX"))));
```

5.4　GROUP BY

　GROUP BY句を利用すると、検索結果のデータに対してグループ化を行うことができます。
　ここでの例では、以下のような情報を持つ空港(airport)ドキュメントを用います。

5.Couchbase Serverでは、リレーショナルデータベースにおけるテーブルに対応するコレクションというキースペース(名前空間)が存在し、コレクション間の結合がサポートされています。

```
{
  "_id": "airport123",
  "type": "airport",
  "country": "United States",
  "geo": { "alt": 456 },
  "tz": "America/Anchorage"
}
```

　次の例は、高度が300フィートを超えるすべての空港を選択するクエリを示しています。結果は、国およびタイムゾーンごとにグループ化され、結果にはグループ毎の件数が含まれます。

```
Query query = QueryBuilder.select(
    SelectResult.expression(Function.count(Expression.string("*"))),
    SelectResult.property("country"),
    SelectResult.property("tz"))
    .from(DataSource.database(database))
    .where(Expression.property("type").equalTo(Expression.string("airport"))
        .and(Expression.property("geo.alt").greaterThanOrEqualTo(Expression.intVa
lue(300))))
    .groupBy(Expression.property("country"), Expression.property("tz"));
```

5.5　ORDER BY

　ORDER BY句を利用すると、クエリの結果を並べ替えることができます。
　次の例では、「name」プロパティーの値の昇順で並べ替えられたドキュメントが返されます。

```
Query query = QueryBuilder.select(
    SelectResult.expression(Meta.id),
    SelectResult.property("name"))
    .from(DataSource.database(database))
    .where(Expression.property("type").equalTo(Expression.string("hotel")))
    .orderBy(Ordering.property("name").ascending());
```

5.6　LIMIT

　LIMIT句を利用して、指定されたオフセットから始まる指定された数の結果を返すことができます。
　これはたとえば、大量の結果を返すクエリでページネーションを処理するために利用することが

できます。

```
int offset = 0;
int limit = 20;

Query query = QueryBuilder.select(SelectResult.all())
    .from(DataSource.database(database))
    .limit(Expression.intValue(limit), Expression.intValue(offset));
```

5.7　日付データ

　Couchbase Lite は、JSON ドキュメントのプロパティーとして Date タイプ[6]をサポートしています。Date タイプは内部的に、ISO8601 形式の日付 (GMT/UTC タイムゾーン) を持っています。

　ISO8601 形式の日付と、他のフォーマットの日付とを比較するために、以下のようなメソッドが提供されています。

　次の例では、ISO8601 に従って有効にフォーマットされた文字列を入力として取り、出力は Unix エポックからのミリ秒を表す Expression オブジェクトになります。

```
Expression eStM = Function.stringToMillis(Expression.property("date_time_str"));
```

　次の例では、ISO8601 に従って有効にフォーマットされた文字列を入力として取り、出力は日付と時刻を UTC ISO8601 文字列として表す文字列コンテンツを表す Expression オブジェクトになります。

```
Expression eStU = Function.stringToUTC(Expression.property("date_time_str"));
```

　次の例では、入力は Unix エポックからのミリ秒を表す数値です。出力はデバイスのタイムゾーンで ISO 8601 文字列として日付と時刻を表す文字列コンテンツを表す Expression オブジェクトになります。

```
Expression eMtS = Function.millisToString(Expression.property("date_time_millis
"));
```

　次の例では、入力は Unix エポックからのミリ秒を表す数値です。出力は、日付と時刻を UTC ISO8601 文字列として表す文字列コンテンツを表す Expression) オブジェクトになります。

6.https://docs.couchbase.com/couchbase-lite/current/android/querybuilder.html#lbl-date-time

```
Expression eMtU = Function.millisToUTC(Expression.property("date_time_millis"));
```

第6章　Couchbase Lite SQL++/N1QLクエリAPI

Couchbase LiteのSQL++/N1QLクエリAPI[1]について解説します。

6.1　ステートメント

SELECT

SELECT句はSELECTキーワードで始まります。

SELECTキーワードに続き、JSONドキュメントのプロパティー名を指定します。各プロパティーに対して、ASを使用して、プロパティーにエイリアス名を指定することができます。

ワイルドカード「*」を使用して、すべてのプロパティーを取得することもできます。

クエリの結果は、JSONオブジェクトの配列になります。配列の要素オブジェクトの構成は、ワイルドカード「*」を使用した場合とプロパティー名を指定した場合とで、異なります。

ワイルドカード「*」を使用した場合、配列の要素ごとに、データベース名をキーとする辞書型オブジェクトで構成されます。この辞書型オブジェクトは、ドキュメントの各プロパティーが、キーと値のペアとして含まれます。

次の例を参照ください。

```
[
  {
    "hotels": {
      "id": "hotel123",
      "type": "hotel",
      "name": "Hotel California",
          "city": "California"
    }
  },
  {
    "hotels": {
      "id": "hotel456",
      "type": "hotel",
      "name": "Chelsea Hotel",
          "city": "New York"
```

1.https://docs.couchbase.com/couchbase-lite/current/android/query-n1ql-mobile.html

```
    }
  }
]
```

クエリでプロパティー名を指定した場合、配列の要素オブジェクトに、指定されたプロパティーが、キーと値のペアとして含まれます。

```
[
  {
    "name": "Hotel California",
        "city": "California"
  },
  {
    "name": "Chelsea Hotel",
        "city": "New York"
  }
]
```

また、SQL同様、DISTINCTキーワードを用いて重複した結果を削除することも可能です。

FROM

FROM句ではクエリの照会先となるデータソースを指定します。

Couchbase Liteにはテーブルの概念がなく、データソースはデータベース自体です。そして、照会先のデータベースは、Databaseオブジェクトにおいて、既に一意に定まっています。そのため、FROM句では以下のようにアンダースコア文字(「_」)を共通のデータソース表記として使用することができます。

```
SELECT name FROM _
```

データソースにはエイリアスをつけることができます。以下の例を参照ください。

```
SELECT store.name FROM _ AS store
SELECT store.name FROM _ store
```

Databaseオブジェクトを作成するときに使用したデータベースの名前をデータソース名として使うこともできます。

```
Database database = new Database("db");
Query query = database.createQuery("SELECT * FROM db");
```

WHERE

WHERE句を使用して、クエリによって返されるドキュメントの選択基準を指定できます。
ブーリアン値に評価される任意の数の式をチェーンできます。次の例を参照ください。

```
SELECT name FROM _ WHERE department = 'engineer' AND division = 'mobile'
```

WHERE句内で利用できる表現については、後掲の二項演算子についての解説を参照ください。

JOIN

JOIN句を用いて、指定された基準によってリンクされた複数のデータソースからデータを選択できます。
Couchbase Liteには、リレーショナルデータベースにおけるテーブルに対応する概念が存在しないため、クエリの照会先データソースはデータベースそのものです。Couchbase Liteでは、データベースはファイルに対応しており、複数のデータベース(ファイル)間の結合はサポートされていません。[2]そのため、Couchbase Liteにおける結合は自己結合となります。
次の5つのJOIN演算子がサポートされています。

- JOIN
- LEFT JOIN
- LEFT OUTER JOIN
- INNER JOIN
- CROSS JOIN

なお、JOINとINNER JOINは同義であり、LEFT JOINとLEFT OUTER JOINは同義です。
JOIN句は、JOIN演算子で始まり、その後にデータソース指定が続きます。結合制約は、ONキーワードで始まり、その後に結合制約を定義する式が続きます。
次の例を参照してください。

```
SELECT one.prop1, other.prop2 FROM _ AS one JOIN _ AS other ON one.key =
other.key
```

GROUP BY

GROUP BY句を利用すると、検索結果のデータに対してグループ化を行うことができます。通常、集計関数（COUNT、MAX、MIN、SUM、AVGなど）と一緒に使用されます。

2.Couchbase Serverでは、リレーショナルデータベースにおけるテーブルに対応するコレクションというキースペース（名前空間）が存在し、コレクション間の結合がサポートされています。

オプションとして、HAVING句を使って、集計関数に基づいて結果をフィルタリングすることができます。

次の例を参照ください。

```
SELECT COUNT(empno), city FROM _ GROUP BY city HAVING COUNT(empno) > 100
```

ORDER BY

ORDER BY句を利用すると、クエリの結果を並べ替える(ソートする)ことができます。

オプションのASC（昇順）またはDESC（降順）を使用してソート順を指定します。何も指定しなかった場合のデフォルトはASCです。

次の例を参照ください。

```
SELECT name, score FROM _ ORDER BY name ASC, score DESC
```

LIMIT

LIMIT句を利用して、クエリによって返される結果の最大数を指定することができます。

次の例は、10件の結果のみを返します。

```
SELECT name FROM _ ORDER BY name LIMIT 10
```

OFFSET

OFFSET句を利用して、クエリの結果をスキップする数を指定することができます。

次の例は、最初の10件の結果を無視して、残りの結果を返します。

```
SELECT name FROM _ ORDER BY name OFFSET 10
```

次の例は、最初の10件の結果を無視してから、次の10件の結果を返します。

```
SELECT name FROM _ ORDER BY name LIMIT 10 OFFSET 10
```

6.2　リテラル

次のようなリテラル表現を用いることができます。

数値

下の例のような表現で数値を表すことができます。

```
SELECT * FROM _ WHERE number = 10
SELECT * FROM _ WHERE number = 0
SELECT * FROM _ WHERE number = -10
SELECT * FROM _ WHERE number = 10.25
SELECT * FROM _ WHERE number = 10.25e2
SELECT * FROM _ WHERE number = 10.25E2
SELECT * FROM _ WHERE number = 10.25E+2
SELECT * FROM _ WHERE number = 10.25E-2
```

文字列リテラル

クォートまたはダブルクォートを用いて、文字列を表現します。

```
SELECT * FROM _ WHERE middleName = "Fitzgerald"
SELECT * FROM _ WHERE middleName = 'Fitzgerald'
```

真偽値

Oracle、MySQL、PostgreSQL同様(SQL ServerやSQLiteとは異なり)、ブーリアン型を扱うことができます。

```
SELECT * FROM _ WHERE value = true
SELECT * FROM _ WHERE value = false
```

NULL

NULLは、空の値を表します。
JSON仕様には、空の値の表現として、nullがあり、以下のようなデータ表現が可能です。

```
{
  "firstName": "John",
  "middleName": null,
  "lastName": "Kennedy"
}
```

下記のクエリの検索条件は、上記のデータと一致します。

```
SELECT firstName, lastName FROM _ WHERE middleName IS NULL
```

MISSING

MISSINGは、ドキュメントに定義されていない(欠落している)名前と値のペアを表します。たとえば、以下のようなデータがあるとします。

```
{
  "firstName": "John",
  "lastName": "Kennedy"
}
```

下記のクエリの検索条件は、上記のデータと一致します。

```
SELECT firstName, lastName FROM _ WHERE middleName IS MISSING
```

配列

JSON同様の表現で配列を表します。

```
SELECT ["a", "b", "c"] FROM _

SELECT [ property1, property2, property3] FROM _
```

オブジェクト

JSON同様の表現で辞書型のオブジェクトを表します。

```
SELECT { 'name': 'James', 'department': 10, 'phones': ['650-100-1000',
'650-100-2000'] } FROM _
```

6.3 識別子

クエリ内のデータベース名、プロパティー名、エイリアス名、パラメータ名、関数名、インデックス名のような識別子には、以下のような文字を利用することができます。

・アルファベット(a-z、A-Z)
・数字(0-9)

・_（アンダースコア）

アルファベットでは、大文字と小文字が区別されます。

クエリの識別子として利用可能な文字と、JSONのプロパティー名などに利用することができる文字の範囲は異なります。上記以外の文字（例えばハイフン「-」）をクエリ内で使用する場合には、バッククォート(`)で囲みます。以下の例を参照ください。

```
SELECT `first-name` FROM _
```

6.4 式

プロパティー式

ドキュメントのプロパティーを参照するためにプロパティー式が使用されます。以下のような使い方があります。

・ドット構文を使用して、ネストされたプロパティーを参照します。
・角括弧（[]）を使った添え字構文を使用して、配列内の項目を参照します。
・アスタリスク(*)を、SELECT句の結果リストでのみ、すべてのプロパティーを表すために使用できます。
・プロパティー式の前にデータソース名またはそのエイリアス名を付けて、その起源を示します（クエリ内でひとつのデータソースのみが利用されている場合は省略可能です）。

以下に例を示します。

```
SELECT contact.address.city, contact.phones[0] FROM _

SELECT directory.* FROM _ AS directory
```

配列式

配列内のアイテムを評価するための独自の構文があります。
以下に例を示します。

```
SELECT name
  FROM _
  WHERE ANY v
        IN contacts
        SATISFIES v.city = 'San Mateo'
```

　配列式は、ANY/SOME、EVERY、またはそれらの組み合わせで始まります。それぞれが以下に説明するように異なる機能を持ちます。

- ANY/SOME: 配列内の少なくともひとつの項目が式を満たしている場合にTRUEを返します。そうでない場合は、FALSEを返します。ANYとSOMEは同義です。
- EVERY: 配列内のすべての項目が式を満たしている場合はTRUEを返します。そうでない場合は、FALSEを返します。配列が空の場合は、TRUEを返します。
- ANY/SOME AND EVERY：配列が値を持つ場合は、EVERYと同様ですが、配列が空の場合にFALSEを返します。

　上記キーワードのいずれかに続き、評価される配列内の各要素、または要素オブジェクトのプロパティーを指定します。配列の要素を表現するために上記例のvのように任意の変数を用いることができます。
　INキーワードに続いて評価する配列型のプロパティー名を指定します。
　SATISFIESキーワードに続いて、配列内の各要素を評価するための条件を指定します。
　配列式は、ENDキーワードで終了します。

パラメータ式

　パラメータ化クエリを利用することができます。
　検索条件として用いられる値のようにクエリの実行毎に内容が異なる箇所にパラメータを用いることによって、SQLインジェクション対策やパフォーマンス改善の効果を得ることができます。
　クエリ文字列内でパラメータを指定するには、名前の前に、$を付けます。
　このパラメータに対して、クエリ実行時に指定するパラメータマップから値が割り当てられます。
　以下に、使用例を示します。

```
Query query = database.createQuery("SELECT * FROM _ WHERE type = $type");
query.setParameters(new Parameters().setString("type", "hotel"));
ResultSet rs = query.execute();
```

括弧式

　式をグループ化して読みやすくしたり、演算子の優先順位を設定するために、丸括弧を使用できます。
　以下に、使用例を示します。

```
SELECT (n1 + n3) * r AS n FROM _ WHERE (n1 = n2) AND (n3 = n4)
```

6.5 二項演算子

算術演算子

算術演算子として、以下がサポートされています。

+(加算)-(減算)*(乗算)/(除算)%(剰余)

/(除算)については、両方のオペランドが整数の場合は整数除算が使用され、一方が浮動小数点の場合は浮動小数点除算が使用されます。算術関数DIVでは、常に浮動小数点除算が実行されます。

比較演算子

比較演算子として、以下がサポートされています。

=(または==)<>(また!=)>>=<<=

IN

左辺の値が右辺に指定された式に含まれるかどうかを評価します。

```
SELECT name FROM _ WHERE department IN ('engineering', 'sales')
```

LIKE

LIKEを用いて曖昧検索を行うことができます。
SQL同様、以下の二種類の照合が可能です。

・ワイルドカードマッチ(%): 0個以上の文字に一致します。
・キャラクターマッチ(_): 1文字に一致します。

```
SELECT name FROM _ WHERE name LIKE 'art%'
SELECT name FROM _ WHERE name LIKE 'a__'
```

LIKE式によるマッチングは、ASCII文字では大文字と小文字を区別せず、非ASCII文字では大文字と小文字を区別します。

BETWEEN

BETWEENを用いて、値の範囲を指定することができます。

```
SELECT * FROM _ WHERE n BETWEEN 10 and 100
```

上の式は、下の式と同等です。

```
SELECT * FROM _ WHERE n >= 10 AND n <= 100
```

IS (NOT) NULL | MISSING | VALUED

SQLでは、NULL値を持つ項目を検索条件に利用する場合は、以下のような表現を行います。N1QLでも、同じ表現が利用可能です。

```
SELECT * FROM _ WHERE p IS NULL
SELECT * FROM _ WHERE p IS NOT NULL
```

N1QLでは加えて、以下のような検索条件を指定することができます。

- `IS MISSING`: MISSINGに等しい(プロパティーが定義されていない)
- `IS NOT MISSING`: MISSINGに等しくない(プロパティーが定義されている)
- `IS VALUED`: NULLでも、MISSINGでもない(プロパティーが定義されており、`null`以外の値を持つ)
- `IS NOT VALUED`: NULLまたは、MISSINGのいずれか(プロパティーが定義されていないか、定義されていても値が`null`である)

論理演算子の論理規則

論理演算子は、ブーリアンとしての評価において、次の論理規則を使用して式を結合します。

- TRUEはTRUE、FALSEはFALSE
- 数字0または0.0はFALSE
- 配列とオブジェクトはFALSE
- 文字列は、値が0または0.0としてキャストされる場合はFALSE、それ以外はTRUE、
- NULLはFALSE
- MISSINGはMISSING

`TOBOOLEAN`関数を用いる評価では、以下のような違いがあります。

- MISSING、NULLおよびFALSEはFALSE
- 数字0はFALSE
- 空の文字列、配列、およびオブジェクトはFALSE

・他のすべての値はTRUE

TOBOOLEAN関数では、Couchbase ServerのN1QLと同様の基準で値を変換することができます。

また、以下の論理演算子AND、ORの評価においても、Couchbase ServerのN1QLとは異なる部分があります。詳細はドキュメントを参照ください。

AND

オペランドの両方がTRUEと評価された場合、TRUEを返します。それ以外の場合はFALSEを返します。

以下に、利用例を示します。

```
SELECT * FROM _ WHERE city = "Paris" AND state = "Texas"
```

ただし、以下の例外があります。

- 一方のオペランドがMISSINGで、もう一方がTRUEの場合はMISSINGを返し、もう一方のオペランドがFALSEの場合はFALSEを返します。
- 一方のオペランドがNULLで、もう一方がTRUEの場合はNULLを返し、もう一方のオペランドがFALSEの場合はFALSEを返します。

OR

オペランドのひとつがTRUEと評価された場合、TRUEを返します。それ以外の場合はFALSEを返します。

以下に、利用例を示します。

```
SELECT * FROM _ WHERE city = "San Francisco" OR city = "Santa Clara"
```

ただし以下の例外があります。

- 一方のオペランドがMISSINGの場合、他のオペランドがFALSEの場合はMISSINGになり、他のオペランドがTRUEの場合はTRUEになります。
- 一方のオペランドがNULLの場合、他のオペランドがFALSEの場合はNULLになり、他のオペランドがTRUEの場合はTRUEになります。

文字列演算子

文字列の連結のために||を利用することができます。

以下に、利用例を示します。

```
SELECT firstName || lastName AS fullName FROM _
```

6.6 単項演算子

次の3つの単項演算子が提供されています。

・–: オペランドを加法における逆言（反数）に置き換えます。
・NOT: ブーリアンの値を反転します。

以下は、負の値の表現の例です。

```
SELECT * FROM _ WHERE n1 >= -10 AND n1 <= 10
```


以下は、論理否定演算子の利用例です。

```
SELECT * FROM _ WHERE name NOT IN ("James","Jane")
```


　このように、NOT演算子は、IN、LIKE、MATCH、BETWEENなどの演算子と組み合わせて使用できます。なお、NOT演算は、NULL値やMISSING値に対しては作用しません。NULL値に対するNOT演算はNULLを返し、MISSING値に対するNOT演算は、MISSINGを返します。

6.7 COLLATE演算子

　COLLATE演算子を用いて、文字列比較(照合)の実行方法を指定できます。文字列比較式およびORDER BY句と組み合わせて使用します。
　複数の照合を使用する場合は、括弧を用います。照合がひとつだけ使用される場合、括弧はオプションです。
　COLLATE演算子に使用可能なオプションは次のとおりです。

・UNICODE: Unicode比較を実行します(デフォルトでは、ASCII比較です)。
・CASE: 大文字と小文字を区別して比較を行います。
・DIACRITIC: アクセントと発音区別符号を考慮に入れます。デフォルトで有効です。
・NO: 他の照合の接頭辞として使用して、それらを無効にします（たとえば、NOCASEは、大文字と小文字を区別しません）。

以下に、利用例を示します。

```
SELECT name FROM _ ORDER BY name COLLATE UNICODE
```

6.8　CASE演算子

CASE演算子によって、クエリ中で条件式を評価することが可能です。

シンプルケース(Simple Case)式とサーチドケース(Searched Case)式があります。

シンプルケース式

- CASE式が最初のWHEN式と等しい場合、結果はTHEN式になります。
- CASE式が先行するWHEN式に一致しない場合、後続のWHEN(〜THEN)句は同じ方法で評価されます。
- すべてのWHEN句がFALSEに評価され、一致するものが見つからない場合、結果はELSE式になり、ELSE式が指定されていない場合はNULLになります。

以下にシンプルケース式の例を示します。

```
SELECT CASE state WHEN 'CA' THEN 'Local' ELSE 'Non-Local' END FROM _
```

サーチドケース式

- 最初のWHEN式がTRUEの場合、この式の結果はそのTHEN式になります。
- それ以外の場合、後続のWHEN句は同じ方法で評価されます。
- すべてのWHEN句がFALSEに評価され、一致するものが見つからない場合、式の結果はELSE式になり、ELSE式が指定されていない場合はNULLになります。

以下にサーチドケース式の例を示します。

```
SELECT CASE WHEN shippedOn IS NOT NULL THEN 'Shipped' ELSE 'Not-Shipped' END FROM
_
```

6.9　関数

SQL++/N1QLクエリで利用できる関数の全体像を紹介しながら、Couchbase Liteに固有の部分を中心に解説します。詳細についてはドキュメント[3]を参照ください。

3.https://docs.couchbase.com/couchbase-lite/current/android/query-n1ql-mobile.html#lbl-functions

メタデータ関数

メタデータ関数 (META) を用いて、Couchbase Lite ドキュメントのメタデータを取得することができます。

以下に、利用例を示します。この例では、ドキュメント ID とドキュメントが削除されたかどうかを示すフラグを取得しています。

```
SELECT META().id, META().deleted FROM _
```

上記のようなシンプルなクエリの場合は不要ですが、META(<データソース名>) のように、データソース名を引数に指定することによって、メタデータを取得する対象を識別することが可能です。これは、下記のような結合を行っているクエリで利用することができます。

```
SELECT p.name, r.rating FROM _ as p INNER JOIN _ AS r ON META(r).id = p.reviewID
WHERE META(p).id = "product123"
```

配列関数

配列関数は、入力として配列を受け取る関数です。

関数	説明
ARRAY_AGG(expr)	入力を要素とする配列を返します。MISSING は無視されます。
ARRAY_AVG(array)	配列内のすべての数値の平均を返します。配列内に平均を求める要素がない場合は NULL を返します。
ARRAY_CONTAINS(array, value)	配列に指定された値が存在する場合は TRUE を返します。それ以外の場合は FALSE を返します。
ARRAY_COUNT(array)	配列内の NULL 以外の値の数を返します。
ARRAY_IFNULL(array)	配列内の NULL 以外の最初の値を返します。
ARRAY_MAX(array)	配列内の最大の値を返します。
ARRAY_MIN(array)	配列内の最小の値を返します。
ARRAY_LENGTH(array)	配列の長さを返します。
ARRAY_SUM(array)	配列内のすべての数値の合計を返します。

条件関数

条件関数は、複数の入力を受け取り、それらの中からそれぞれの関数に備わった条件に合致する値を返す関数です。

関数	説明
IFMISSING(expr1, expr2, ...)	MISSING以外の最初の値を返します。すべての値がMISSINGの場合はNULLを返します。
IFMISSINGORNULL(expr1, expr2, ...)	非NULLおよび非MISSINGである最初の値を返します。すべての値がNULLまたはMISSINGの場合はNULLを返します。
IFNULL(expr1, expr2, ...)	最初の非NULL値を返します。すべての値がNULLの場合はNULLを返します
MISSINGIF(expr1, expr2)	expr1 = expr2の場合にMISSINGを返します。それ以外の場合はexpr1を返します。いずれかまたは両方がMISSINGの場合はMISSINGを返します。いずれかまたは両方がNULLの場合はNULLを返します。
NULLF(expr1, expr2)	expr1 = expr2の場合にNULLを返します。それ以外の場合はexpr1を返します。いずれかまたは両方がMISSINGの場合はMISSINGを返します。いずれかまたは両方がNULLの場合はNULLを返します。

日付時間関数

日付時間関数は、日付と時刻を表す異なる形式の文字列間の変換を行います。

関数	説明
STR_TO_MILLIS(expr)	ISO 8601形式の文字列を、UNIX時間(ミリ秒)に変換します。
STR_TO_UTC(expr)	ISO 8601形式の文字列を、UTCのISO 8601形式の文字列に変換します。
MILLIS_TO_STR(expr)	UNIX時間(ミリ秒)をローカルタイムゾーンのISO 8601形式の文字列に変換します。
MILLIS_TO_UTC(expr)	UNIX時間(ミリ秒)をUTCのISO 8601形式の文字列に変換します。

UNIX時間は、UNIX OSにおいて利用される日時の表現であり、具体的には協定世界時(UTC)での1970年1月1日午前0時0分0秒(UNIXエポック)を基準として、そこから経過した秒数で日時を表現します。

パターンマッチ関数

パターンマッチ関数は、正規表現を用いることができる関数です。

関数	説明
REGEXP_CONTAINS(expr, pattern)	文字列に正規表現(pattern)に一致するシーケンスが含まれている場合はTRUEを返します。
REGEXP_LIKE(expr, pattern)	文字列が正規表現(pattern)と完全に一致する場合はTRUEを返します。
REGEXP_POSITION(expr, pattern)	文字列中の正規表現(pattern)の出現する最初の位置を返します。一致するものが見つからない場合は-1を返します。位置のカウントはゼロから始まります。
REGEXP_REPLACE(expr, pattern, repl [, n])	patternがreplに置き換えられた新しい文字列を返します。nを指定すると、最大n個の置換が実行されます。nが指定されていない場合、一致するすべてが置き換えられます。

データ型チェック関数

データ型チェック関数は、入力となる値の型をチェックする関数です。データ型チェック関数は、評価の結果としてブーリアン値を返します。[4]下記の関数が利用可能です。

ISARRAY,ISATOM,ISBOOLEAN,ISNUMBER,ISOBJECT,ISSTRING

ISATOMは、値がブール値、数値、または文字列の場合に、TRUEを返します。

データ型判別関数

TYPE関数は、値に型に基づいて、次のいずれかの文字列を返します。

"missing","null","boolean","number","string","array","object","binary"

データ型変換関数

データ型変換関数は、入力値を特定の型に変換します。下記のようなデータ型変換関数が提供されています。

TOARRAY,TOATOM,TOBOOLEAN,TONUMBER,TOOBJECT,TOSTRING

算術関数

下記のような算術関数が提供されています。

ABS,ACOS,ASIN,ATAN,ATAN2,CEIL,COS,DIV,DEGREES,E,EXP,FLOOR,LN,LOG,PI,POWER,RADIANS,ROUND,
ROUND_EVEN,SIGN,SIN,SQRT,TAN,TRUNC

文字列関数

下記のような文字列関数が提供されています。

CONTAINS,LENGTH,LOWER,LTRIM,RTRIM,TRIM,UPPER

集計関数

集計関数は、入力となる集合に対し、ひとつの結果を返す関数です。下記の関数が利用可能です。

AVG,COUNT,MIN,MAX,SUM

4.SQL++/N1QL ではブーリアン評価の結果として、TRUE と FALSE 以外に NULL や MISSING を取ることがあります。データ型チェック関数が評価する値が NULL、または MISSING の場合は、ブーリアン型への評価が行われず、そのまま NULL または MISSING が返されます。

第7章　Couchbase Liteインデックス

7.1　概要

　Couchbase Liteは、多くのデータベースと同じように、インデックス(Index[1])を作成することによってクエリを高速化することができます。

　インデックス作成はオプションであり、インデックスが作成されていないプロパティーを検索条件に利用することが可能です。

留意点

　インデックスを利用する際には、以下に留意する必要があります。

- ドキュメントが更新されるたびにインデックスが更新されるため、データベースへの書き込み操作時に多少なりともオーバーヘッドが生じます。
- インデックスの情報がデーターベースに格納されるため、データベースのサイズが大きくなります。
- インデックスの数が多すぎると、パフォーマンスが低下する可能性があります。

7.2　インデックス操作

インデックス作成

　以下の例は、ドキュメントのプロパティーtypeとnameに対して、新しいインデックスを作成します。

```
database.createIndex(
  "TypeNameIndex",
  IndexBuilder.valueIndex(
    ValueIndexItem.property("type"),
    ValueIndexItem.property("name")));
```

インデックス削除

　以下の例は、指定した名前のインデックスを削除します。

1.https://docs.couchbase.com/couchbase-lite/current/android/indexing.html

```
database.deleteIndex("TypeNameIndex");
```

7.3 インデックス利用条件

インデックスが作成されているプロパティーがクエリの検索条件として利用されている場合、インデックスが利用されます。ただし、クエリの内容によって、以下のような条件があります。

LIKE検索

LIKE検索では、次の条件が満たされている場合のみ、インデックスが使用されます。

・検索文字列がワイルドカードで始まらない。
・検索文字列は実行時に既知の値である（クエリの処理中に導出された値ではない）。

関数利用

インデックスの作成されているプロパティーを検索条件に用いる際、そのプロパティーに対して関数が適用されていると、インデックスは利用されません。

たとえば、以下のようなクエリでは、nameプロパティーに対してインデックスが作成されている場合であっても、そのインデックスは利用されません。

```
Query query = QueryBuilder
  .select(SelectResult.all())
  .from(DataSource.database(database))
  .where(Function.lower(Expression.property("name")).equalTo(Expression.string("a
pple")));

Log.i(TAG, query.explain());
```

このようなケースにおいては、クエリ実行時ではなく、インデックスを作成するときに関数を適用しておくことが考えられます。

7.4 インデックス最適化

Couchbase Liteでは、クエリオプティマイザーによる統計情報の収集に基づき、クエリ速度向上のためのインデックス最適化が行われます。

統計情報は、次のような特定のイベントの後に収集されます。

・インデックス作成後
・データベース再オープン後

・データベース圧縮後

　統計情報収集の効果として、データベースをオープンした後や、インデックスを削除して再作成した後など、それ以前と比べてクエリの実行速度が速くなる場合があります。

第8章 Couchbase Lite全文検索

8.1 概要

Couchbase Liteは、全文検索(Full-Text Search[1])機能を提供します(以下では機能名として、Full-Text Searchの略称「FTS」を用います)。

言語サポート

Couchbase LiteのFTSは、単語の区切りに空白を使用する言語で利用することができます。

また、ステミング（語幹処理）は、デンマーク語、オランダ語、英語、フィンランド語、フランス語、ドイツ語、ハンガリー語、イタリア語、ノルウェー語、ポルトガル語、ルーマニア語、ロシア語、スペイン語、スウェーデン語、トルコ語でサポートされています。

日本語は以上の条件を満たしていませんが、全文検索を利用する場面として、以下のケースが考えられます。

・サポートされる言語（たとえば英語）による文章（たとえば、システムログメッセージ）に対する検索
・サポートされる言語（たとえば英語）を持つ複数のプロパティーに対する検索（通常のクエリでも、複数の条件を組み合わせることはできますが、シンプルな実装になる可能性があります）

Couchbase Liteの差別化要因としてのFTS

FlutterのCouchbase Lite用パッケージcbl-dart[2]の開発者であるGabriel Terwestenによるブログ記事「How to make your Flutter app offline-first with Couchbase Lite」[3]では、以下のように書かれています。

「And then there is full-text search (FTS), or rather the lack thereof. The Firestore documentation basically tells you to check out Elastic, Algolia or whatever… just figure it out. Hm, ok, what about SQLite? It comes preinstalled on many systems and has multiple FTS extensions. Looking into it, I found that while possible, it's not exactly simple to make it work. Not all preinstalled versions of SQLite have the same FTS extension enabled or any at all. Of course, the versions of SQLite itself differ between platforms and platform versions, so you have to take that into account. As with any relational database, you have to manage a schema and setting up a FTS index in SQLite is not super simple, either.」

以下、上記引用を翻訳します。

「そして、全文検索(FTS)、というよりもむしろ、その欠如が問題でした。 Firestoreのドキュメントは、基本的にこんな言いぶりです。Elastic、Algolia、あるいは他の何かを使って自分でなんとかしてください。ああ、そうですか。SQLiteはどうでしょうか?多くのシステムにプリインストールされており、複数のFTS拡張機能があります。調べてみたところ、可能ではあるにしても、思ったようなことを行うのは簡単ではないことがわかりました。プリインストールされているSQLiteのすべてのバージョンで同じFTS拡張機能が使えるわけでもなければ、そもそも使えないものもあります。当然のことながら、SQLiteのバージョン自体がプラットフォームとプラットフォームのバージョンによって異な

---

1. https://docs.couchbase.com/couchbase-lite/current/android/fts.html

るため、それを考慮に入れる必要もあります。他のリレーショナルデータベースと同様に、スキーマを管理する必要も
あります。いずれにせよ、SQLiteでFTSインデックスをセットアップするのも非常に単純というわけではありません。」

　このような認識から、著者は、自身のFlutterアプリ開発のためにCouchbase Liteを選択し、Flutter用のパッケージ
を開発しています。

2.https://github.com/cbl-dart/cbl-dart

3.https://medium.com/flutter-community/how-to-make-your-flutter-app-offline-first-with-couchbase-lite-86bb23780f74

8.2　FTSインデックス

　FTSクエリでは、通常のクエリとは異なり、インデックス作成はオプションではありません。FTS
クエリ実行のための前提条件としてFTSインデックスが作成されている必要があります。

作成

　Databaseクラスの`createIndex`メソッドに、`FullTextIndexConfiguration`オブジェクトを渡す
ことにより、FTSインデックス作成します。

　次の例では、「overview」プロパティーにFTSインデックスを作成します。

```
FullTextIndexConfiguration config = new FullTextIndexConfiguration("overview").ig
noreAccents(false);

database.createIndex("overviewFTSIndex", config);
```

　`FullTextIndexConfiguration`を作成する際、複数のプロパティーを指定することもできます。

8.3　FTSクエリ

　インデックスを作成すると、インデックス付きのプロパティーに対してFTSクエリを作成して実
行できます。

　なお、FTSでは大文字と小文字が区別されません。

クエリビルダーAPI

　クエリビルダーAPIでは、全文検索条件は、`FullTextFunction`を使って指定します。

```
Expression whereClause = FullTextFunction.match("overviewFTSIndex", "michigan");

Query query = QueryBuilder.select(SelectResult.all())
    .from(DataSource.database(database))
    .where(whereClause);
```

SQL++/N1QLクエリ API

SQL++/N1QLクエリ APIでは、全文検索条件は、MATCHを使って指定します。

```
Query query = database.createQuery("SELECT * FROM _ WHERE MATCH(overviewFTSIndex,
'michigan')");
```

FTSインデックスの照合には、上記のような単純な検索語指定だけでなく、以下で紹介するパターンマッチングフォーマットを使うことができます。

8.4 パターンマッチングフォーマット

以下の形式で、検索条件として照合するパターンを指定することができます。

プレフィックスクエリ

検索語に続けて「*」(アスタリスク) 文字を付すことで、プレフィックス (接頭辞) によるクエリを行うことができます。

以下の例では、接頭辞「lin」が付いた単語を含むすべてのドキュメントを検索します。

```
lin*
```

プロパティー名指定

FTSインデックス作成時に、複数のプロパティーを指定することができます。通常、検索語は、インデックス定義に用いられた全てのプロパティーと照合されます。プロパティー名と「:」の組み合わせに続いて検索語を指定することで、インデックス中の特定のプロパティーに対する照合を表現することができます。

プロパティー名と「:」の間にはスペースを含みません。「:」と検索語の間にはスペースを入れます。

次の例は、「linux」という単語がドキュメントのtitleプロパティーに存在し、「problems」という単語がFTSインデックス作成時に指定されたいずれかのプロパティーに含まれるドキュメントを検索します。

```
title: linux problems
```

フレーズクエリ

フレーズクエリは、スペースで区切られた単語のシーケンスを二重引用符 (「"」) で囲むことによって指定します。

次の例は、「linux applications」というフレーズを含むドキュメントを検索します。

```
"linux applications"
```

NEARクエリ

NEARクエリを利用して、複数の検索語の関係を指定することができます。NEARクエリでは、ふたつの検索語の間にキーワードNEARを置くことで、これらの検索語間の近接度を指定します。近接度を指定するには、「NEAR/n」の形式を用います。ここで、nは、近接度を示す数字です。デフォルトの近接度は10です。

次の例は、「database」という単語と「replication」という単語を含み、これらの単語の間に存在する単語がふたつ以下である(3つ以上の単語によって隔てられていない)ドキュメントを検索します。

```
database NEAR/2 replication
```

演算子 AND, OR, NOT

FTSクエリ構文は、演算子として、AND、OR、NOTをサポートします。

FTSクエリでは、演算子には必ず大文字を使用する必要があることに注意が必要です。それ以外の場合は、演算子ではなく検索語として解釈されます。

次の例は、「couchbase」という単語と「database」という単語の両方を含むドキュメントを検索します。

```
couchbase AND database
```

演算子の優先順位

括弧を使用して、さまざまな演算子の優先順位を指定できます。

以下の例は、「linux」という単語を含み、かつ「couchbase database」または「sqlite library」というフレーズの少なくともひとつを含むドキュメントを検索します。

```
("couchbase database" OR "sqlite library") AND linux
```

8.5 ランキング

全文検索において、検索結果を関連性の高い順に並べ替えることは、一般的な要件です。Couchbase Liteは、このような要件に応えるランキング機能を提供しています。

FTSクエリと組み合わせて利用することができるRANK関数が提供されています。RANK関数の結果をORDER BY句に指定することによって、検索結果を関連性の高い順に並べ替えることが

できます。

クエリビルダー API

以下は、クエリビルダー APIにおけるRANK関数利用の例です。

```
Expression whereClause = FullTextFunction.match("overviewFTSIndex",
"'michigan'");

Query query = QueryBuilder.select(SelectResult.all())
    .from(DataSource.database(database))
    .where(whereClause)
    .orderBy(Ordering.expression(FullTextFunction.rank("overviewFTSIndex")).desce
nding());
```

SQL++/N1QL クエリ API

以下は、SQL++/N1QLクエリ APIにおけるRANK関数利用の例です。

```
Query query = database.createQuery("SELECT * FROM _ WHERE MATCH(overviewFTSIndex,
'michigan') ORDER BY RANK(overviewFTSIndex)");
```

第9章　Couchbase Lite C言語サポート

9.1　概要

Couchbase Liteは、C言語での利用がサポートされています。[1]

サポートプラットフォーム

Couchbase Liteは、C言語での利用環境として、Unix系OSとしては、macOS、Ubuntu、Debianの他、Raspberry Pi OSをサポートしています。

また、Windows、Android、iOSもサポートしており、これらの環境用のアプリケーションをC/C++でプログラミングする際にCouchbase Liteを利用することが可能です。

以下に、サポート対象のOSのバージョンとプロセッサーのアーキテクチャー種類を整理します。

表9.1: Couchbase Lite C API サポートプラットフォーム

OS\アーキテクチャー	x64	ARM32	ARM64
Debian 9	N/A	サポート	サポート
Debian 9 Desktop	サポート	N/A	N/A
Debian 10	N/A	サポート	サポート
Debian 10 Desktop	サポート	N/A	N/A
Ubuntu 20.04 Desktop	サポート	N/A	N/A
Ubuntu 20.04 Core	N/A	N/A	サポート
Raspberry Pi OS9 (stretch)	N/A	サポート	N/A
Raspberry Pi OS10 (Buster)	N/A	サポート	サポート
iOS10+	サポート	N/A	サポート
Android (API22+)	サポート	サポート	サポート
macOS (Catalina+)	サポート	N/A	サポート
Windows 10	サポート	N/A	N/A

アーキテクチャー

Couchbase Liteは、2018年にリリースされたバージョン2.0にて、C/C++を用いて再実装されました。現在のCouchbase Liteはプラットフォームに依存しない共通のコアコンポーネントに基づいています。Java、Swift、Objective-C、C#等、各プラットフォーム用のCouchbase Lite実装は、全て内部でC APIを利用しています。

Couchbase Lite C言語実装は、Couchbase Liteコアライブラリーと静的にリンクされたバイナリ

1.https://docs.couchbase.com/couchbase-lite/current/c/

として提供されます。

図9.1: C API階層アーキテクチャー

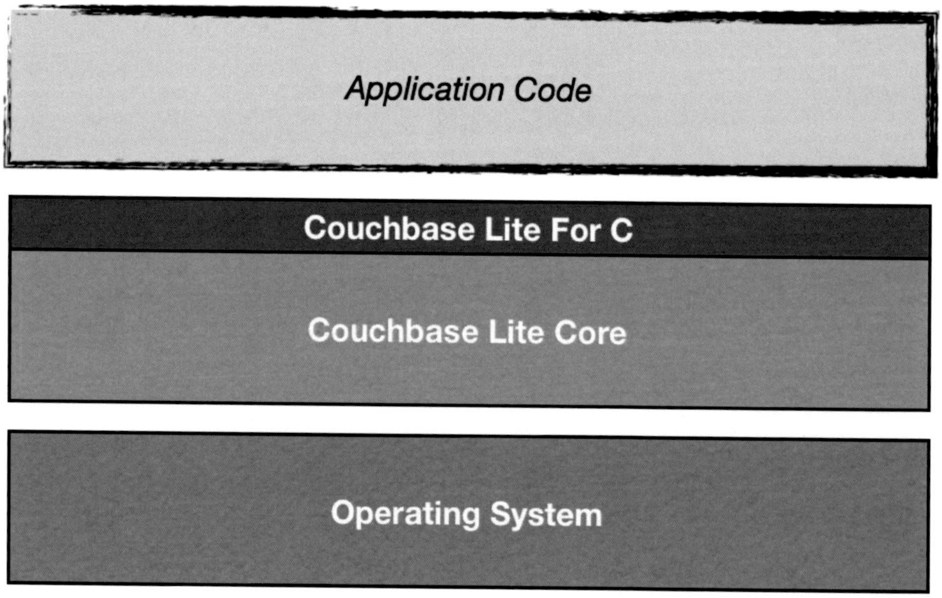

(図は、Couchbase Blog: Couchbase Lite — In C![2]より引用)

9.2　利点

C言語の利点

　C言語特有の以下の利点があります。

- **リソースフットプリントと実行速度**: C/C++を用いて開発することにより、IoT/エッジコンピューティングに求められる、低いリソースフットプリントと実行速度の最大化が図れます。
- **非サポート言語用のパッケージ開発**: C APIを他のプログラミング言語と組み合わせて利用することによって、開発プラットフォームに幅広い選択肢をもたらすことが考えられます。たとえば、Python、JavaScript、Rust、Goなどのプログラミング言語による開発の際に、FFI(Foreign function interface[3])のような、それらの言語が提供するネイティブ言語サポートを活用し、Couchbase Liteを用いたアプリケーションを構築することができます。

2.https://blog.couchbase.com/couchbase-lite-in-c/

3.https://en.wikipedia.org/wiki/Foreign_function_interface

フィールドレベル暗号化

　Couchbase Lite C APIは、フィールドレベル暗号化(Field Level Encryption[4])機能を提供します。[5] フィールドレベル暗号化は、Couchbase Lite 3.0の時点では、他のプログラミング言語ではサポートされていません。

　クライアント側の暗号化機能を使用すると、データをCouchbase Serverと同期するクライアントアプリケーションとしてCouchbase Liteを利用する際に、ネットワーク経由で複製するドキュメント内のフィールドを暗号化することができます。正しい暗号化キーにアクセスできるクライアントのみが、データを復号化して読み取ることができます。

　Couchbase Liteのフィールドレベル暗号化は、Couchbase Server SDKのフィールドレベル暗号化と互換性があります。

4.https://docs.couchbase.com/couchbase-lite/current/c/field-level-encryption.html

5. フィールドレベル暗号化はエンタープライズエディションで提供される機能です。

第10章 Couchbase Liteロギング

Couchbase Lite のトラブルシューティングのためのログ利用(Using Logs for Troubleshooting[1]) について解説します。

10.1 概要

Couchbase Lite のログ出力先には、ファイルとコンソールのふたつがあります。これらのログ出力は、ログドメインとログレベルによって制御されます。

ログドメイン

ログドメインには、次の種類があります。

```
DATABASE,LISTENER,NETWORK,QUERY,REPLICATOR
```

ログレベル

ログレベルには、次の種類があります。

```
DEBUG,ERROR,INFO,NONE,VERBOSE,WARNING
```

ログファイル

ファイルベースのロギングでは、ログはログレベルでフィルタリングされた個別のログファイルに書き込まれます。ファイルベースのログはデフォルトで無効になっています。

ファイルベースのログ出力フォーマットには、バイナリと平文(プレインテキスト)の2通りがあります。

バイナリフォーマットは、ストレージとパフォーマンスに最も効率的であり、ファイルベースログ出力のデフォルトフォーマットです。

ファイルベースのロギングでは、LogFileConfiguration クラスのプロパティーを使用して以下を指定することができます。

・ログファイルを保存するディレクトリー
・出力フォーマット: バイナリまたは、プレインテキスト。デフォルトはバイナリです。必要に応じて、プレーンテキストのログに変更できます。

1.https://docs.couchbase.com/couchbase-lite/current/android/troubleshooting-logs.html

- ログファイルの最大サイズ（バイト）: この制限を超えるとログファイルのローテーションが行われます。
- ローテーションされたログファイルを保持する最大数: デフォルトは「1」です。たとえば、この設定を「5」にした場合、ローテーションされた5つのログファイルとアクティブなログファイルの最大6ファイルが存在することになります。

以下は、上記設定の適用例です。

```
final File path = context.getCacheDir();

// ログファイルディレクトリーを設定
LogFileConfiguration LogCfg = new LogFileConfiguration(path.toString());

// ログファイルの最大サイズ（バイト）を設定
LogCfg.setMaxSize(10240);

// 最大回転数を5に変更
LogCfg.setMaxRotateCount(5);

// フォーマットをプレインテキストに変更
LogCfg.setUsePlaintext(true);

Database.log.getFile().setConfig(LogCfg);

// ログ出力レベルをデフォルト(WARN)から「INFO」に変更
Database.log.getFile().setLevel(LogLevel.INFO);
```

コンソールログ

　コンソールベースのロギングでは、ログはコンソールに出力されます。コンソールログはデフォルトで有効になっています。

　コンソールログはファイルログとは独立して設定を行うことができるため、通常のファイルベースのログに干渉することなく、問題調査のための診断シナリオに合わせて出力情報を調整できます。

　デフォルトのログでは情報が不十分な場合に、下記のようにデータベースエラーに焦点を当てて、より詳細なメッセージを得ることができます。

```
Database.log.getConsole().setDomains(LogDomain.DATABASE);
Database.log.getConsole().setLevel(LogLevel.VERBOSE);
```

10.2 カスタムロギング

コールバック関数を登録してログメッセージを受信することができます。受信したメッセージは、何らかの外部のログフレームワークを使用してログに記録できます。

カスタムロギングを行うには、com.couchbase.lite.Loggerインターフェースを実装します。ロガーインターフェイスを実装するコードを紹介します。

```
class LogTestLogger implements Logger {

    private final LogLevel level;

    public LogTestLogger(LogLevel level) { this.level = level; }

    @Override
    public LogLevel getLevel() { return level; }

    @Override
    public void log(LogLevel level, LogDomain domain, String message) {
            //カスタムロギング処理の実装
    }
}
```

Loggerインターフェースの実装に加えて、Databaseに対して、カスタムロギングを有効にする必要があります。以下の例では、「警告」のレベルに設定して、カスタムロガーを追加しています。

```
Database.log.setCustom(new LogTestLogger(LogLevel.WARNING));
```

10.3 バイナリログのデコード

バイナリログファイルは、Couchbase Liteのコマンドラインツールcbliteを使って、デコードすることができます。cbliteの利用方法について、次の章で説明しています。

また、ログ専用のコマンドラインツールcbl-logも提供されています。cbl-logツール (The cbl-log Tool[2]) は、Couchbase LabsのGitHubリポジトリー The Couchbase Mobile Tool Repo[3]にて公開されています。

cbl-logの利用法については、ドキュメント[4]を参照ください。また、ライセンス、利用規約や詳細については、リポジトリーの記載をご確認ください。

2.https://github.com/couchbaselabs/couchbase-mobile-tools/blob/master/README.cbl-log.md

3.https://github.com/couchbaselabs/couchbase-mobile-tools/

4.https://docs.couchbase.com/couchbase-lite/current/android/troubleshooting-logs.html#decoding-binary-logs

第11章　Couchbase Liteツール

11.1　cblite

概要

　Couchbase Lite データベースファイルを検査したり、データベースファイルに対してクエリを実行することができるコマンドラインツールとして、cbliteがあります。このコマンドはトラブルシューティングに用いられる他、開発者がアプリにビルトインするためのデータベースを準備するために利用することができます。

　cbliteは、Couchbase Labs の GitHub リポジトリー The Couchbase Mobile Tool Repo[1]から入手することができます。

サブコマンド

　cbliteは、サブコマンドを用いて様々な用途に用いることができます。

　以下に、サブコマンドの概要を示します。

1.https://github.com/couchbaselabs/couchbase-mobile-tools/

コマンド	目的
cat	データベース内のドキュメントの内容を表示します。
check	データベースファイルの整合性、破損の有無をチェックします。
compact	データベースファイルを圧縮します。
cp	データベースの複製、インポート、エクスポートを行います。
decrypt	データベースを複合化します。
encrypt	データベースを暗号化します。
help	ヘルプテキストを表示します。
info	データベースに関する情報を表示します。
logcat	バイナリログファイルをプレーンテキストに変換します。
ls	データベース内のドキュメントを一覧表示します。
mv	ドキュメントを現在のコレクションから別のコレクションへ移動します。
mkcoll	コレクションを作成します。
open	インタラクティブモードでデータベースを開きます。
openremote	リモートデータベースを一時的にローカルにプルし、インタラクティブモードで開きます。
put	ドキュメントを作成または更新します。
query	JSONクエリスキーマを使用してクエリを実行します。
reindex	インデックスを再構築します。
revs	ドキュメントの改訂履歴を一覧表示します。
rm	ドキュメントを削除します。
select	SQL++/N1QL構文を使用してクエリを実行します。
serve	簡易的なREST APIリスナーを開始します。

　この他、cpに類似する機能を提供するコマンドとして、push、export、pull、importがあります。ここでは、cpコマンドに代表させています。

実行モード

　cbliteは、以下のふたつの実行モードで利用することができます。

・インタラクティブ(対話)モード: データベースパスを指定して実行後、インタラクティブにサブコマンドの入力を行います。
・ワンショット（非インタラクティブ）モード: 最初の引数としてサブコマンドを、その後にサブコマンドに応じたオプションの引数を指定して実行します。

　以下は、インタラクティブモードでの実行例です。

```
$ cblite travel-sample.cblite2
Opened read-only database ./travel-sample.cblite2/
(cblite) ls -l --limit 5

airport_1254          1-d4d718ab ---      918      0.2K
airport_1255          1-bf36065e ---      919      0.2K
airport_1256          1-3bd3788b ---      920      0.2K
airport_1257          1-6298d53f ---      921      0.2K
airport_1258          1-11b49ddf ---      922      0.2K
(Stopping after 5 docs)
(cblite) quit
```

インタラクティブモードを終了する際は、上記のようにquitを入力します。

グローバルフラグ

グローバルフラグはcbliteコマンドの直後に指定します。以下のような機能を提供します。

フラグ	効果
--color	ANSIカラーを有効にします。
--create	新しいデータベースを作成します。作成されたデータベースは書き込み可能モードでオープンされます。
--encrypted	暗号化されたデータベースをオープンします。暗号化キーの入力が求められます。なお、インタラクティブモードでは、データベースが暗号化されていることが検出されると自動的にプロンプ⬚⬚トが表示されます。
--upgrade	データベースを開く際に、データベースバージョンのアップグレードを許可します。アップグレードされたデータベースは下位互換性を失います。
--version	バージョンを出力します。
--writeable	データベースを書き込み可能モードでオープンします。

11.2　cbliteサブコマンド

　cbliteのサブコマンドについて、開発やトラブルシューティングに際して特に有益と思われるものを選んで、利用可能なフラグや利用例を紹介します。

　checkやcompactのように、開発やトラブルシューティングに利用できるものであっても、追加のフラグやパラメーターが存在せず、特に解説を要しないものは扱っていません。上掲のサブコマンド表も参考ください。

　全てのサブコマンドの詳細については、ドキュメント[2]を参照ください。

2.https://github.com/couchbaselabs/couchbase-mobile-tools/blob/master/Documentation.md

凡例

　以下ではサブコマンド毎に、まずはじめにワンショットモードとインタラクティブモードのそれ
ぞれについて、利用時の構文構造を示します。
　そこで用いられているキーワードの意味を記します。

　・**flags**: サブコマンドに指定するフラグ
　・**databasepath**: データベースファイルパス
　・**DOCID**: ドキュメント ID

[**flags**] のような、角括弧内の記載はオプションであることを表します。

cat

```
cblite cat [flags]databasepathDOCID[DOCID...]
```

```
cat[flags]DOCID[DOCID...]
```

　ドキュメント ID 指定により、ドキュメントの JSON 本文を表示します。
　ドキュメント ID の指定(**DOCID**)には、シェルスタイルのワイルドカード(「*」、「?」)を用いるこ
とができます。この場合、パターンに一致した全てのドキュメントが表示されます。

フラグ	効果
--key KEY	指定したキー(ドキュメントプロパティー)とその値のみを表示します。複数個同時に指定できます。
--rev	リビジョン ID を表示します。
--raw	JSON を、そのまま出力します。
--json5	JSON5 構文で出力します(JSON5 構文では、キーが引用符で囲まれません)。

cp

```
cblite cp[flags]sourcedestination
```

```
cp [flags]destination
```

　source から **destination** に対してデータを移動します。
　インタラクティブモードでは、cblite コマンド実行時に指定したデータベースが **source** として
使用され、cp サブコマンドは **destination** のみを引数として取ります。
　source と **destination** は、データベースファイルや、JSON ファイル等、多様な形態を取るこ

とができます。ただし、**source**または**destination**のいずれかが、.cblite2で終わるデータベースパスである必要があります。

データを移動する方法は、**source**と**destination**の指定によって決まります。指定方法の違いにより、データベースへのJSONドキュメントのインポート、またはデータベースからのJSONドキュメントのエクスポートを行うことができます。

なお、cpサブコマンドでは、Couchbase Mobileの重要な機能のひとつであるふたつのデータベース間のデータ同期(レプリケーション)操作についてもカバーされていますが、ここではレプリケーションに関連する記述については割愛しています。必要に応じ、ドキュメント[3]を参照ください。

sourceと**destination**は、次のいずれかの形式で指定します。

- .cblite2で終わるデータベース
- .jsonで終わるJSONファイル。1行にひとつのJSONドキュメントを含むファイルである必要があります。
- /で終わるディレクトリー。ディレクトリーにはJSONファイル(ドキュメントごとに1ファイル)が含まれている必要があります。

フラグ	効果
--careful	エラーが発生した場合は中止します。
--existing または-x	destinationがまだ存在しない場合は失敗します。
--jsonidproperty	ドキュメントIDに使用するJSONプロパティーを指定します。詳細、下記参照ください。
--limitn	n個のドキュメントに対する実行の後で停止します。
--verbose または-v	進捗情報をログに記録します。

--jsonidフラグは次のように機能します。

- **source**がJSONの場合、ドキュメントIDとして使用するプロパティー名を指定します。省略した場合、ドキュメントIDにはUUIDが用いられます。
- **destination**がJSONの場合、ドキュメントIDを追加するためのJSONのプロパティー名を指定します。このフラグを省略すると、プロパティー名はデフォルトで_idになります。

info

```
cblite info databasepath
cblite info databasepath indexes
cblite info databasepath index indexname
```

3.https://github.com/couchbaselabs/couchbase-mobile-tools/blob/master/Documentation.md

```
info
info indexes
info index indexname
```

データベースのサイズや格納されているドキュメント数など、データベースに関する情報を表示します。サブサブコマンドindexesを使用すると、データベース内のすべてのインデックスが一覧表示されます。サブサブコマンドindexの後にインデックス名を付けると、そのインデックスの内容（キーと値）がダンプされます。

以下に、実行例を示します。

```
$ cblite info travel-sample.cblite2
Database:    /path/to/travel-sample.cblite2
Size:        6.4MB  (use -v for more detail)
Collections: "_default": 2885 documents, last sequence #2885
```

logcat

```
cblite logcat logfile[logfile...]
cblite logcat directory
```

```
logcat logfile[logfile...]
logcat directory
```

Couchbase Lite のバイナリログファイルを読み取り、プレーンテキストとして出力します。
ログファイル(logfile)を複数指定すると、出力はマージされ時系列で並べ替えられます。
ディレクトリーパス(directory)を指定すると、そのディレクトリー内のすべての.cbllogファイルが読み取られます。
なお、このサブコマンドは、databasepath を必要としません。

フラグ	効果
--csv	CSV 形式で出力します。
--full	すべてのログが読み込まれた後に、ログレベル毎に重要性の高い順に出力が開始されます。
--outfilepath	標準出力ではなくファイルに出力を書き込みます。

ls

```
cblite ls [flags] databasepath[PATTERN]
```

`ls` [**flags**] [**PATTERN**]

　データベース内のドキュメントを一覧表示します。フラグを指定しない場合ドキュメントIDのみが表示されます。

　PATTERNは、シェルスタイルのワイルドカード「*」、「?」を使用してドキュメントIDを照合するためのオプションの引数です。

フラグ	効果
`-l`	1行にひとつのドキュメントの詳細情報を表示します。
`--offsetn`	最初のn個のドキュメントをスキップします。
`--limitn`	n個のドキュメントを表示した後に停止します。
`--desc`	降順で表示します。
`--seq`	ドキュメントIDではなくシーケンスで並べ替えます。
`--del`	削除されたドキュメントを含めます。
`--conf`	競合するドキュメントのみを含めます。
`--body`	ドキュメント本文を表示します。
`--pretty`	ドキュメント本文を読みやすい形で表示します（--bodyと同時に利用）。
`--json5`	JSON5構文、つまりキーを引用符で囲まずに表示します(--bodyと同時に利用)。

　以下に、オプションを組み合わせて実行した例を示します。

```
$ cblite ls -l --limit 10 travel-sample.cblite2

airport_1254          1-d4d718ab ---      918      0.2K
airport_1255          1-bf36065e ---      919      0.2K
airport_1256          1-3bd3788b ---      920      0.2K
airport_1257          1-6298d53f ---      921      0.2K
airport_1258          1-11b49ddf ---      922      0.2K
airport_1259          1-6f41e72f ---      923      0.2K
airport_1260          1-a57d8cf5 ---      924      0.2K
airport_1261          1-6bdfcdda ---      925      0.2K
airport_1262          1-9aeab53b ---      926      0.2K
airport_1263          1-2cf49f25 ---      927      0.1K
(Stopping after 10 docs)
```

put

　`cblite put` [**flags**]databasepathDOCID"JSON"

　`put` [**flags**]DOCID"JSON"

JSON文字列(**JSON**)を指定して、ドキュメントを作成または更新します。

フラグ	効果
--create	ドキュメントを作成します。ドキュメントが存在する場合は失敗します。
--update	既存のドキュメントを更新します。ドキュメントが存在しない場合は失敗します。

インタラクティブモードでは、データベースが書き込み可能モードでオープンされていない(--writeableまたは--createフラグが用いられていない)場合、このコマンドは失敗します。

query

```
cblite query [flags]databasepathquery
```

```
query [flags]query
```

データベースへのクエリを実行します。**query**の記述は、JSONクエリスキーマ[4]に従います。

フラグ	効果
--explain	クエリプランを出力します。
--offsetn	最初のn行をスキップします。
--raw	(テーブル形式ではなく)JSONデータを出力します。
--limitn	n行の後で停止します。

以下に、実行例を示します。

```
$ cblite travel-sample.cblite2
Opened read-only database ./travel-sample.cblite2/
(cblite) query {"FROM":[{"COLLECTION":"_"}],"GROUP_BY":[[".state"]],"ORDER_BY":
[[".num"]],"WHAT":[[".state"],["AS",["COUNT()",["."]],"num"]],"WHERE":["=",[".ty
pe"],"hotel"]}
state                      num
-------------------------- ---
Aquitaine                  1
Auvergne                   1
Bourgogne                  1
Bretagne                   1
```

4.http://json5.org

```
Midi-Pyrénées                1
Nord-Pas-de-Calais            1
Basse-Normandie              2
Corse                        3
Haute-Normandie              4
Rhône-Alpes                 10
Provence-Alpes-Côte d'Azur  33
Île-de-France               78
California                  361
null                        420
```

reindex

cblite reindex**databasepath**

reindex

インデックスを再構築します。

再構築後のインデックスは、段階的に更新されてきたインデックスよりも効率的な構造になる可能性があるため、クエリのパフォーマンスが向上する可能性があります。アプリケーション内に埋め込むデータベースを準備する際の最終ステップとして実行する価値があります。

インタラクティブモードでは、データベースが書き込み可能モードでオープンされていない(--writeable または--create フラグが用いられていない)場合、このコマンドは失敗します。

select

cblite select [**flags**]**databasepathquery**

select [**flags**]**query**

データベースへのクエリを実行します。**query** の記述は、SQL++/N1QL構文に従います。

フラグ	効果
--explain	クエリプランを出力します。
--ofsetn	最初のn行をスキップします。
--raw	(テーブル形式ではなく)JSONデータを出力します。
--limitn	n行の後で停止します。

query 記述のベースは、SQL++/N1QL の SELECT クエリです。

キーワードselectはコマンド名に含まれているため、**query**の記載から除きます。

以下に、実行例を示します。

```
$ cblite travel-sample.cblite2
Opened read-only database ./travel-sample.cblite2/
(cblite) select name from _ where type = 'hotel' order by name limit 10
'La Mirande Hotel
192 B&B
500 West Hotel
54 Boutique Hotel
8 Clarendon Crescent
AIRE NATURELLE LE GROZEAU Aire naturelle
Abbey Hotel
Aberdovey Hillside Village
Ace Hotel DTLA
Adagio La Défense Esplanade
(cblite)
```

11.3 クエリ調査

Couchbase Liteで用いられるクエリの調査またはトラブルシューティング(Query Troubleshooting[5])方法について解説します。

調査方法には、cbliteコマンドを利用する方法とAPIを利用する方法があります。これらのいずれの方法を用いた場合でも、出力内容は同じフォーマットとなります。ここでは、cbliteコマンドを用いる方法について説明します。

出力内容は、クエリのパフォーマンスの問題を診断したり、クエリを最適化したりするときに役立つ情報を提供します。

実行方法

ターミナル上で、データベースを指定して、インタラクティブモードで、cbliteコマンドを実行します。

データベースへのクエリを行うためのcbliteのサブコマンドとして、selectとqueryがあります。クエリを調査する場合、これらのサブコマンドに対して、--explainオプションを指定します。

次の例では、selectサブコマンドを使用しています。

```
(cblite) select --explain state, COUNT(*) AS num from _ where type = 'hotel'
group by state order by num
```

5.https://docs.couchbase.com/couchbase-lite/current/objc/query-troubleshooting.html

出力内容

--explainオプションを指定してクエリを実行した場合の出力内容は、以下のようなフォーマットになります。

```
SELECT fl_result(fl_value(_.body, 'state')), fl_result(count(fl_root(_.body)))
AS num FROM kv_default AS _ WHERE (fl_value(_.body, 'type') = 'hotel') AND
(_.flags & 1 = 0) GROUP BY fl_value(_.body, 'state') ORDER BY num

7|0|0| SCAN TABLE kv_default AS _
15|0|0| USE TEMP B-TREE FOR GROUP BY
57|0|0| USE TEMP B-TREE FOR ORDER BY

{"FROM":[{"COLLECTION":"_"}],"GROUP_BY":[[".state"]],"ORDER_BY":[[".num"]],"WHAT"
:[[".state"],["AS",["COUNT()",["."]],"num"]],"WHERE":["=",[".type"],"hotel"]}
```

出力は、次の3つの主要な要素で構成されています。それぞれの要素は空白行で区切られます。

- SQLクエリに翻訳された文字列: あくまで診断用の情報であり、必ずしもそのまま実行可能なフォーマットとは限らないことに注意してください。
- クエリプラン: クエリ実行に関するハイレベルの情報を提供します。
- JSON文字列形式のクエリ:cbliteツールのqueryサブコマンドで直接実行することができます。

なお、Couchbase Liteは内部的にSQLiteを利用しており、クエリプランの出力はSQLiteのEXPLAIN QUERY PLANコマンドに関係します。SQLiteのEXPLAIN QUERY PLANの詳細については、SQLiteドキュメント[6]を参照ください。

クエリプラン

出力中のクエリプランセクションには、クエリの実行プランが表形式で表示されます。出力内容は、データがどのように取得され、どのように加工されるかを示しています。
以下に出力例を示します。

```
7|0|0| SCAN TABLE kv_default AS _
15|0|0| USE TEMP B-TREE FOR GROUP BY
57|0|0| USE TEMP B-TREE FOR ORDER BY
```

各行は、下記の内容に対応しています。
1行目は、クエリに使用されている検索方法(Retrieval method)を示しています。上の例では、データベースの順次読み取り(SCAN)が行われており、最適化を検討できる可能性があります。検索

6.https://www.sqlite.org/eqp.html

方法(Retrieval method)には、以下の三種類があります。

- ・SEARCH: キーを使用して必要なデータに直接アクセスできます。最速の検索方法です。
- ・SCAN INDEX: インデックスをスキャンすることでデータを取得します。SEARCHよりも低速ですが、インデックスの恩恵を受けます。
- ・SCAN TABLE: データベースをスキャンして、必要なデータを取得する必要があります。最も遅い検索方法であり、最適化を検討することが考えられます。

2行目はグループ化方法(Grouping method)を、3行目は順序付け方法(Ordering method)を示しており、それぞれBツリーが一時ストレージとして使用されています。

11.4 Visual Studio Codeプラグイン

概要

Visual Studio Code(VSCode)用のプラグインとして、Couchbase Lite for VSCode[7]が提供されています。

マーケットプレイスにて、「couchbase」で検索して、インストールすることができます。

図11.1: Visual Studio Codeマーケットプレイス画面

このプラグインを使うことによって、VSCode上でCouchbase Liteデータベースファイルに対して、データの閲覧、編集、そしてクエリが可能になります。

7.https://code.visualstudio.com

このプラグインのソースコードは、Couchbase Labs の GitHub リポジトリー vscode-cblite[8] で公開されています。最新のアップデートや利用方法について、このリポジトリーの README を参照することができます。

データベース内容の確認

プラグインの利用を開始するには、はじめに Couchbase Lite データベースを VSCode のサイドパネルのエクスプローラー画面で開きます。ここで、選択する Couchbase Lite データベースは「〜.cblite2」という名称のフォルダーになります(そのフォルダーの中にあるファイルを選択するのではないことにご注意ください)。

エクスプローラー画面に Couchbase Lite データベースが表示されたら、それを選択し、右クリックメニューから [Open Database] へ進みます。

データベースがオープンされると、エクスプローラー画面の下部に [CBLITE EXPLORER] が表示されます。この [CBLITE EXPLORER] には、データベースに格納されているドキュメントとその内容がツリービューで表示されます。

ドキュメントの内容を JSON 形式で表示するには、ツリービューでドキュメントを選択して、右クリックメニューから [Get Document] を選びます。すると、エディター画面に JSON ドキュメントが 1 行で表示されます。エディター画面上で右クリックメニューから [Format Document] を選択することで、プロパティー毎に改行されたフォーマットでドキュメントの内容を表示することが可能です。

ドキュメントの更新

ドキュメントを更新するには、まずエディター画面に表示された JSON データを編集します。

データベースに対して、編集したドキュメントの更新を反映するためには、VSCode のコマンドパレット ([F1] キー、または Windows/Linux では [Ctrl]+[Shift]+[P]、macOS では [Command]+[Shift]+[P] で表示) から、次のコマンドを実行します。

```
cblite: Update Document
```

クエリ

データベースに対してクエリを行うには、[CBLITE EXPLORER] でデータベースを選択し、右クリックメニューから [New SQL++ Query] を選択します。

エディター画面には、はじめサンプルクエリが表示されるので、実行したいクエリに変更します。

クエリを実行するには、VSCode のコマンドパレットを利用して、下記のコマンドを実行します。

```
cblite: Run Query
```

8.https://github.com/couchbaselabs/vscode-cblite

第12章　クロスプラットフォーム開発

12.1　概要

　Couchbase Liteを用いたモバイルアプリを開発する際に、iOSとAndroidの両方で利用するために、クロスプラットフォーム[1]/ハイブリッドアプリ[2]開発に関連する内容を整理します。

　以下、ここで扱うフレームワークについて、概要を整理します。

- **Xamarin**: C#で書かれたコードが、Intermediate Language(IL)としてコンパイルされます。
- **Flutter**: Dartで書かれたコードが、C/C++コードとしてコンパイルされて、ネイティブに実行されます。
- **React Native**: JavaScriptやTypeScriptで書かれたコードが、JavaScriptエンジンで実行されます。
- **Ionic**: JavaScriptやHTML、CSSのようなWebアプリケーション開発技術を使って書かれたコードが、Webブラウザーの機能を提供するWeb View[3]を介して、ネイティブアプリやPWA(Progressive Web Apps)として実行されます。

12.2　Xamarin

概要

　Couchbase LiteをXamarinアプリケーション開発に使う方法を、Couchbase Labsで公開されているサンプルアプリケーションを使って解説します。このサンプルアプリケーションについて公式チュートリアル[4]が公開されています。

　サンプルアプリケーションは、Xamarin.Forms、C#、XAML(Extensible Application Markup Language)を使用しています。iOS、Android、およびUWPに対応しており、それぞれ以下の環境を利用することが想定されています。

- iOS (Xcode 12.5+)
- Android (SDK 22+)
- UWP (Windows 10)

1.https://en.wikipedia.org/wiki/Cross-platform_software

2.https://www.techtarget.com/searchsoftwarequality/definition/hybrid-application-hybrid-app

3.https://ionicframework.com/docs/ja/core-concepts/webview

4.https://docs.couchbase.com/tutorials/userprofile-standalone-xamarin/userprofile_basic.html

サンプルアプリケーション

　ここで紹介するアプリケーションは、Couchbase Lite を Couchbase Server との同期を行わずにスタンドアローンで利用するものです。

　アプリケーションを実行するには、以下のように GitHub リポジトリーから standalone ブランチをクローンします。

```
$ git clone -b standalone \
  https://github.com/couchbaselabs/userprofile-couchbase-mobile-xamarin.git
```

　本アプリケーションは、ユーザープロファイル情報管理機能を提供します。プロファイル情報は、Couchbase Lite で管理されます。

　ログイン後、そのユーザーのプロファイル情報を表示・編集することができます。ログイン画面にて情報したユーザーが未登録の場合は新規ユーザーとして追加され、ログイン画面で入力した情報を引き継がれたプロファイル画面に遷移後、追加の情報を入力します。

ソリューション構造

　ソリューションは、7つのプロジェクトで構成されています。

・UserProfileDemo: ビュー機能のための.NET 標準プロジェクト
・UserProfileDemo.Core: ビューモデル機能のための.NET 標準プロジェクト
・UserProfileDemo.Models: データモデルのための.NET 標準プロジェクト
・UserProfileDemo.Repositories: データベースの管理のためのリポジトリークラスを含む.NET 標準プロジェクト
・UserProfileDemo.iOS: .ipa ファイルのビルドを担当する iOS プラットフォームプロジェクト
・UserProfileDemo.Android: .apk ファイルのビルドを担当する Android プラットフォームプロジェクト
・UserProfileDemo.UWP: .exe ファイルのビルドを担当する UWP プラットフォームプロジェクト

　/modules/userprofile/examples/src の下に、ソリューションファイル UserProfileDemo.sln が存在します。

　Couchbase.Lite パッケージは、このソリューションの以下の4つのプロジェクト内で利用されています。

・UserProfileDemo.Repositories
・UserProfileDemo.iOS
・UserProfileDemo.Android
・UserProfileDemo.UWP

Couchbase Lite アクティブ化

Xamarin アプリ内で Couchbase Lite を使用するには、Couchbase.Lite をプラットフォームごとにアクティブ化します。

以下、各プラットフォームにおける例を示します。

iOS プラットフォームの場合。

AppDelegate.cs

```
Couchbase.Lite.Support.iOS.Activate();
```

Android プラットフォームの場合。

MainActivity.cs

```
Couchbase.Lite.Support.Droid.Activate(this);
```

UWP プラットフォームの場合。

MainPage.xaml.cs

```
Couchbase.Lite.Support.UWP.Activate();
```

チュートリアルでは、アプリケーションで利用されるデータモデルの説明や、データベース操作について機能毎に解説が行われています。

開発参考情報

ここで紹介したチュートリアルの発展として、データベースに対するクエリを扱ったもの(User Profile Sample: Couchbase Lite Query Introduction[5])や、Couchbase Server とのデータ同期を扱ったもの(User Profile Sample: Data Sync Fundamentals[6])が公開されています。

12.3 Flutter

概要

Flutter は、FFI(foreign function interface[7])による連携をサポートしており、プラットフォームネイティブコードとのインテグレーションに用いることができる dart:ffi[8] パッケージを提供しています。そのため、Couchbase Lite C API[9] を用いて Couchbase Lite を Dart/Flutter アプリケーショ

5.https://docs.couchbase.com/tutorials/userprofile-query-xamarin/userprofile_query.html

6.https://docs.couchbase.com/tutorials/userprofile-sync-xamarin/userprofile_sync.html

7.https://en.wikipedia.org/wiki/Foreign_function_interface

8.https://docs.flutter.dev/development/platform-integration/c-interop

9.https://github.com/couchbase/couchbase-lite-C

ンで利用することができます。そのような試みとして、以下で紹介するパッケージが公開されています。

Couchbase Lite パッケージ

DartとFlutterの公式パッケージリポジトリー (pub.dev[10]) に、各種パッケージが公開されています。

Couchbase Lite に関するパッケージは、アクティブにメンテナンスされていないように見えるものも含めて、何種類か存在します。ここでは、現在最もアクティブと思われるパッケージを紹介します。

以下は、同じPublisherによって開発された一連のパッケージです。目的に合わせた組み合わせにより利用することが想定されています。

・cbl[11]: Couchbase Lite API のパッケージです。以下のパッケージを利用する際、同時に利用します。
・cbl_dart[12]: サーバーやCLI等、純粋なDartアプリケーション用のパッケージです。
・cbl_flutter[13]: Flutter アプリケーション開発用のパッケージです。

パッケージの利用方法や、サンプルアプリケーションについて、各パッケージのサイトを参照することができます。

12.4　React Native

概要

React Native[14]は、ハイブリッドアプリ開発のためのオープンソースUIフレームワークです。

React Nativeは、Native Module[15]システムを要しており、AndroidとiOSそれぞれのネイティブ実装 (Android Java と Objective-C/Swift) と組み合わせてアプリケーションを開発する手段を提供しています。

Couchbase Lite React Native Module

Couchbase Labsにて、Couchbase Lite を React Native で利用するための React Native Module の参照実装 (couchbase-lite-react-native-module[16]) が公開されています。このモジュールの位置づけについて、以下の引用を参照ください。

> NOTE: The plugin is not officially supported by Couchbase and there are no guarantees that the
> APIs exported by the module are up to date with the latest version of Couchbase Lite. The module

---

10.https://pub.dev/
11.https://pub.dev/packages/cbl
12.https://pub.dev/packages/cbl_dart
13.https://pub.dev/packages/cbl_flutter
14.https://reactnative.dev/
15.https://reactnative.dev/docs/native-modules-intro
16.https://github.com/couchbaselabs/couchbase-lite-react-native-module

implementation is available as an open source reference implementation for developers to use as a
starting point and contribute as needed

上記の翻訳を以下に示します。

> 注: このプラグインはCouchbaseによる公式サポートではなく、モジュールによってエクスポートされているAPIが最新バージョンのCouchbase Liteに追随しているという保証はありません。モジュールの実装は、開発者がスタート地点として使用でき、また必要に応じて貢献することのできるオープンソース参照実装として公開されています。

この参照実装は、ネイティブCouchbase Lite API機能のサブセットをエクスポートし、Reactネイティブ JavaScriptアプリで利用できるようにしています。プラグインによってJavaScriptにエクスポートされたAPIのリストや個々のAPI使用例について、リポジトリーのREADMEを参照することができます。

また、このモジュールを使用したサンプルアプリケーション[17]も公開されています。

このような既存のモジュールを利用しない場合、あるいは既存のモジュールを拡張する場合には、Couchbase LiteのネイティブAPIにアクセスするために、React Nativeが提供するNative Moduleシステムを利用して実装を行います。

12.5　Ionic

概要

Ionic[18]は、ハイブリッドアプリ開発のためのオープンソースUIフレームワークです。JavaScriptや、HTML、CSSといったWebアプリケーション開発技術を使って、ネイティブアプリやPWA(Progressive Web Apps)[19]を開発するために利用することができます。Angular、React、そしてVueのようなJavaScriptのWebフレームワークと組み合わせて利用されます。

Ionicフレームワークは、GitHubにおいて、Ionicチーム(https://github.com/ionic-team)によってリポジトリー[20]が公開されています。

ハイブリッドモバイルアプリ開発のために必要となるネイティブ連携のフレームワークとして、同じくIonic(Ionic.io[21])によるCapacitor[22]があります。Ionic.ioは、Ionicの有償サポートも提供しています。[23]

Couchbase Lite統合

Ionic開発に、Couchbase Liteを利用するための、IonicのCouchbase Lite統合(Ionic's Couchbase

---

17.https://github.com/couchbaselabs/userprofile-couchbase-mobile-reactnative
18.https://ionicframework.com/
19.https://en.wikipedia.org/wiki/Progressive_web_application
20.https://github.com/ionic-team/ionic-framework
21.https://ionic.io/
22.https://capacitorjs.com/
23.https://ionic.io/pricing

Lite integration[24])が提供されています。このIonic Couchbase Lite統合のネイティブ連携レイヤーには、Capacitorが利用されています。

Couchbase Lite統合を利用するには有償のサポートが必要とされますが、パッチのリリースや新機能のアップデート、さらにiOSおよびAndroidの新しいリリースに対する互換性維持など、継続的なアップデートとメンテナンスが謳われています。

なお、IonicのCouchbase Lite統合を利用するには、Couchbase Liteエンタープライズエディションが必要です。

Apache Cordova

Apache Cordova[25]は、JavaScript、HTML、CSSといったWebアプリケーション開発技術を使って、モバイルアプリケーションを開発することができるフレームワークです。Cordova Native APIによりネイティブ連携を行う手段が提供されています。

Ionicは、Cordovaとの組み合わせで、AndroidおよびiOSアプリを開発する手段 (`ionic cordova build`[26]) を提供しています。一方で、CordovaからCapacitorへのマイグレーション (Cordova to Capacitor Migration[27]) の方法が公開されており、そこではCapacitorについて「最新の開発体験とCordovとの99%の下位互換性 (A modern development experience and 99% backward-compatibility with Cordova)」と説明されています。

25.https://cordova.apache.org/
26.https://ionicframework.com/docs/cli/commands/cordova-build
27.https://capacitorjs.com/cordova

24.https://ionic.io/docs/couchbase-lite

第13章 Sync Gateway概要

本章から、Couchbase Mobileの構成要素のひとつであるSyng Gatewayを扱います。
ここではまず、Sync Gatewayを理解するために必要な基本的な概念を解説します。

13.1 データ同期

Sync Gatewayは、Couchbase LiteとCouchbase Serverとの間でデータ同期を行う機能を提供します。

レプリケーション

レプリケーション(Replication[1])とは、字義通りには複製(Replica)を作ることといえますが、コンピューティングの分野でデータレプリケーションといった場合には、一般に複数の環境に同じデータを保存することを指します。その具体的な内容は多岐にわたります。

Couchbase Mobileについて「レプリケーション」という用語が用いられる場合、それは複数のCouchbaseデータベース間の自動データ同期を指しています。[2]

データ同期方向の種類

Sync GatewayとCouchbase Liteとの同期(Sync with Couchbase Lite[3])を実行するにあたって、データの同期方向に関して、以下の3通りからひとつを選択します。

- **プッシュ**: Couchbase Liteから、Couchbase Serverに対してデータの変更を同期します。
- **プル**: Couchbase Liteへ、Couchbase Serverのデータの変更を同期します。
- **プッシュアンドプル**: プッシュとプルの両方を行います。

たとえば、アプリケーションのマスターデータのように、ユーザーによって変更されないデータについては、プルレプリケーションを使うことが考えられます。また、単にアプリケーションからデータの収集を行うケース、たとえばエッジ端末上のセンサーデータを収集するIoTアプリケーションや、端末上でデータ登録を行うアプリケーションでは、プッシュレプリケーションを使うことができます。どの端末でも、同じデータを参照する必要があり、端末上でユーザーがデータを作成・編集する場合には、プッシュアンドプルを使うことになるでしょう。

1.https://en.wikipedia.org/wiki/Replication_(computing)
2.Couchbase Mobile の文脈で、「レプリケーション」という用語が用いられるときには、Couchbase Lite と Couchbase Server との Sync Gateway を介した同期を指すことが大部分です。ただし、後述の Sync Gateway 間レプリケーションにおいては、Sync Gateway を介した Couchbase Server クラスター間のデータ同期を指すなど、必ずしもそれだけの意味に止まらないため、ここでは「Couchbase データベース間」という表現が選ばれています。
3.https://docs.couchbase.com/sync-gateway/current/sync-using-app.html

レプリケーション処理の種類

　レプリケーションは、データの同期方向がプッシュであれプルであれ、Couchbase Liteアプリケーションが Sync Gatewayに対して接続し、レプリケーションのリクエストを行うところから始まります。

　Couchbase Liteにおけるレプリケーション処理の選択肢として、リクエスト時点で生じている全ての差分の同期が完了した後に処理を終了する**ワンショットレプリケーション**と、一旦すべての差分の同期が完了した後も継続して、以降のレプリケーションのために接続を続ける**継続的レプリケーション**とがあります。

　アプリケーションは、ローカルデータベースとリモートデータベース間の同期を維持する場合、要件に応じて、継続的レプリケーションを利用することも、ワンショットレプリケーションをアプリケーションから定期的に実行することもできます。

リビジョン

　複数のユーザーから同時に処理要求が行われる場合、データの一貫性を保証するために、データの複数のバージョンを制御する必要があります。このような制御は、Multi Version Concurrency Control(MVCC)[4]と呼ばれます。

　Sync Gatewayは、複数のCouchbase Liteアプリケーション(Sync Gatewayクライアント)で、同じデータに対する更新が発生する状況に対応する必要があります。データが複数のデータベースにコピーされて管理されている状況では、あるクライアントの変更が、別のクライアントに対して反映される前に、そのクライアントが同じデータへの変更を行うことが起こりえます。このような状況では、競合(データ更新の不整合)が発生します。

　こうした状況に対応するために、Couchbase Mobileでは、ドキュメントが作成、更新、または削除されるたびに新たに**リビジョン**が作成されます。「リビジョン」という用語について、GitやSubversionのような分散バージョン管理システムを利用したことのある人には特に説明を要しないと思われますが、「リビジョン」は「バージョン(番号)」のようなものと考えることができます。ソフトウェアのバージョンのように(ソフトウェア会社によって)一元的に管理されているケースでは、バージョン番号は直線的に増加するのに対して、ある特定のバージョンに対して、複数の異なる環境(開発者やデータベース)で異なる変更を加えられるケースでは、同じ親リビジョンを持った子リビジョンがツリー状に枝分かれする状態が生じます。

　ソフトウェアバージョン管理においては、こうした競合の発生においては、開発者によってマージが行われることになります。Couchbase Mobileでは、こうした異なるリビジョン間の競合発生時において、デフォルトのルールの適用による自動競合解決機能を提供されています。そのため、Couchbase Mobileを利用するにあたって、特に基本的な機能を理解する段階においては、ユーザーにとってリビジョンを意識する場面はあまりありません。

　一方で、リビジョンはCouchbase Mobileを理解する上で、依然として重要な概念だといえます。

4.https://en.wikipedia.org/wiki/Multiversion_concurrency_control

運用やトラブルシューティングに際して、リビジョンに関する知識が必要があります。

また、Couchbase Mobileでは、カスタム競合解決ロジックを開発することもできます。その際には、同じドキュメントの異なるリビジョン間の競合をどのように解決するかを開発者が設計・実装することになります。

13.2　アクセス制御モデル

Sync Gatewayのアクセス制御モデル(Access Control Concepts[5])について解説します。

概要

Sync Gatewayにおいて、ドキュメントへのアクセスは、**ユーザー**、**ロール**、**チャネル**という、3つのエンティティーによって管理されます。

図13.1: Sync Gatewayアクセス制御モデル概念図

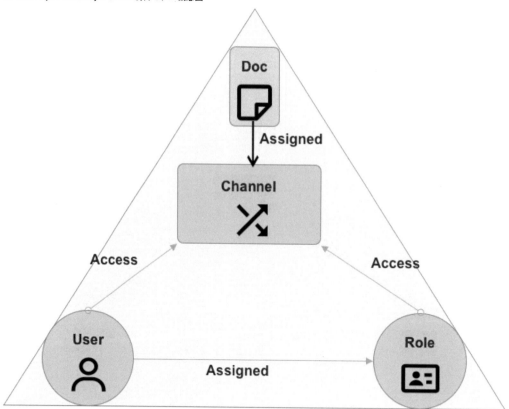

(図は、Couchbaseドキュメント Access Control Conceptsより)

チャネルはドキュメントに関連付けられたタグと見なすことができます。チャネルは、ドキュメ

5.https://docs.couchbase.com/sync-gateway/current/access-control-concepts.html

ントを分類し、アクセス制御を実施するための基本になります。ユーザーに対してチャネルへのアクセスが許可されることによって、ユーザーがアクセスできるドキュメントが決定されます。

　ロールは、ユーザーを論理的にグループ化します。ユーザーと同様に、ロールに対しても、チャネルへのアクセス権限を与えることができます。ユーザーは、直接にまたはロールを介して割り当てられたチャネルにあるドキュメントのみにアクセスすることができます。

　なお、このアクセス制御モデルは、ドキュメントに対するアクセス権限の種類(読み取りと書き込み)については区別しません。[6]

利用例

　チャネルを中心としたアクセス制御について、具体的に見ていきます。

　まずは次の図を見てください。

図 13.2: Sync Gateway アクセス制御利用例

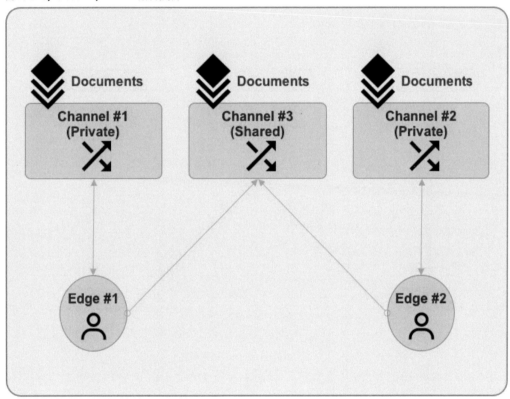

(図は、Couchbase ドキュメント Access Control Concepts より)

　ここでは、特定のユーザー(グループ)のみがアクセスできるドキュメント群と、全てのユーザーに共有されるドキュメント群が存在しています。

---

6. 書き込み権限を制御する際には、後に紹介する、Sync 関数を用いてアクセス制御を実装することができます。

例として、小売チェーンの店舗毎にユーザーまたはロールを割り当てるケースが考えられます。各店舗向けに、在庫や営業スケジュールなど店舗固有の情報のためのチャネルがあります。そして、製品カタログのような小売チェーン店舗全体で共通の情報のためのチャネルがあり、すべての店舗は、この共有されたチャネルにアクセスします。

チャネル

チャネルエンティティーは、名前とドキュメントのリストで構成されます。

チャネルによって、ユーザー間でドキュメントを共有することができます。

チャネルには、ドキュメントのリストが割り当てられます。さらに、ユーザーまたはロールに対して、複数のチャネルへのアクセスを許可することができます。つまり、ユーザーとロールは許可されたチャネルのリストを持ちます。この二重のリスト構造によって、以下のような目的が達成されます。

・ドキュメントをチャネルに割り当てることによる**ドキュメントルーティング**
・ユーザーにチャネルへのアクセスを許可することによる**アクセス制御**

具体的には次のことが実現可能になります。

・多数のドキュメントをデータセットとして分割して管理する。
・ユーザーに対して必要なドキュメントだけを公開する。
・モバイルデバイスに同期されるデータの量を最小限に抑える。

チャネルには、アプリケーションにより設定される**プライベートチャネル**と、あらかじめ定義されている**システムチャネル**とがあります。

以下のように、Sync Gateway によって予め定義されているチャネルを、目的に応じて利用することができます。

パブリックチャネル（記号「!」で表現されます）は、誰でも利用可能なドキュメントのためのチャネルです。ドキュメントをユーザー全体で利用したい場合、このチャネルに割り当てます。ユーザーに明示的にパブリックチャネルへのアクセスを割り当てる必要はありません。全てのユーザーに対して、パブリックチャネルへのアクセスが自動的に許可されます。

オールチャネルワイルドカード（記号「*」で表現されます）は、ユーザーに対して全てのチャネルへのアクセスを許可するときに使用することができます。オールチャネルワイルドカードを使ってアクセスを許可すると、プライベートチャネルを含め、全てのチャネルのすべてのドキュメントにアクセスすることができるようになります。

ユーザー

ユーザーエンティティーは名前、パスワード、ロールのリスト、およびチャネルのリストで構成

されます。

ユーザーは、アクセス制御の基本概念です。ドキュメントへのアクセスを特定のユーザーに制限することにより、アクセス制御を実施します。

チャネルへのアクセスを許可されたユーザーは、そのチャネルに割り当てられたすべてのドキュメントにアクセスできます。

ユーザーは、ロールに割り当てることもできます。ユーザーは、所属するすべてのロールのチャネルアクセスを継承します。

ロール

ロールエンティティーは、名前とチャネルのリストで構成されます。

ロールにより、同様の特性を持つユーザーをグループ化でき、ユーザーの管理が容易になります。

ロールに対して、チャネルへのアクセスが許可されます。ロールが割り当てられたすべてのユーザーは、ロールにアクセスが許可されているすべてのチャネル（そのチャネル内のドキュメント）にアクセスできます。

ロールに関連付けられているすべてのユーザーは、ロールのリスト内のチャネルにアクセスする権利を継承します。これにより、複数のチャネルを複数のユーザーに関連付けることができます。

なお、ロールはユーザーとは別の名前空間で管理されるため、同じ名前のユーザーとロールを持つことができます。

13.3　機能と操作

REST API

Sync Gatewayに対して設定や操作を行う方法として、REST APIが提供されています。

Sync Gatewayには、下記の3種類のREST APIがあります。

・管理REST API
・メトリクスREST API
・パブリックREST API

管理REST APIは、Sync Gatewayの管理のための機能を提供します。

メトリクスREST APIは、Sync Gatewayシステム監視に用いられます。

パブリックREST APIは、Couchbase Lite以外のアプリケーションがSync Gatewayの機能を利用するために使うことができます。

各REST APIは、それぞれ異なるポート番号を使います。ポート番号を変更することも可能です。

構成方法等の詳細については、ドキュメント(Secure API Access[7])を参照ください。

7.https://docs.couchbase.com/sync-gateway/current/rest-api-access.html

Sync 関数

Sync Gateway では、アクセス制御モデルの適用のために、アプリケーション独自の実装を定義することができます。これは、**Sync 関数** (Sync Function[8]) と呼ばれる JavaScript 関数を定義することによって実現されます。

Sync 関数では、以下のような処理を制御することができます。

・チャネルへのドキュメントの割り当て
・ユーザーやロールへのチャネルアクセスの許可
・ユーザーの検証
・ドキュメントの検証
・変更の非承認

Sync 関数は、ドキュメントに対して新しい更新が行われるたびに呼び出されます。

Sync 関数内では、変更前と変更後のドキュメントの内容を参照することができます。そのため、ドキュメント内容に対して検証を行うことができるだけでなく、ドキュメントの情報を利用してユーザーの検証などの操作を実現することが可能です。

Sync 関数内では、Sync Gateway によって提供される様々な種類のヘルパー関数 (Sync 関数 API) を利用することができます。

Sync 関数の詳細については、後の章で解説します。

アクセス制御適用

Sync Gateway におけるドキュメントの配布やユーザーアクセスを構成する方法には、以下があります。

・管理 REST API
・Sync 関数

構成管理の対象によって、これらの方法を使い分けることになります。

たとえば、以下の図に示すように、ユーザーやロールへのチャネルの追加は、両方の方法で構成可能です。一方、ドキュメントのチャネルへの割り当ては Sync 関数を介して行います。

8.https://docs.couchbase.com/sync-gateway/current/sync-function-overview.html

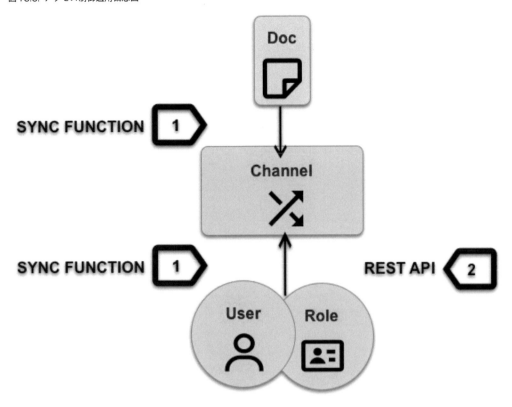

(図は、Couchbase ドキュメント Access Control Concepts より)

13.4　Sync Gateway間レプリケーション

概要

Sync Gatewayは、Sync Gateway間レプリケーション(Inter-Sync Gateway Replication[9])機能を提供します。Sync Gateway間レプリケーションによって、異なるデータセンターにある複数のCouchbase Serverクラスター間の同期を行うことができます。

Sync Gateway間レプリケーションは、多くの点でCouchbase LiteとSync Gatewayの間のレプリケーションと共通点を持っています。たとえば、Sync Gateway間レプリケーションはWebSocketに基づいており、Couchbase Liteとのレプリケーションに使用されるものと共通のプロトコルが用いられます。

本書では、Sync Gateway間レプリケーションについての記述は、以下のユースケースの紹介に留めます。構成管理方法等、Sync Gateway間レプリケーションの詳細についてはドキュメント[10]を参

9.https://docs.couchbase.com/sync-gateway/current/sync-inter-syncgateway-overview.html

10.https://docs.couchbase.com/sync-gateway/current/sync-inter-syncgateway-overview.html

照ください。

クラウド/中央データセンターとエッジデータセンターの同期

このケースでは、複数のエッジデータセンターにあるCouchbase Serverクラスターがクラウドまたは中央データセンターのCouchbase Serverクラスターと同期します。各エッジクラスターは、クラウドデータセンターへのネットワーク接続が失われた場合も自律的に動作します。

たとえば、AWS Wavelengthのようなサービスを活用し、キャリアネットワークにCouchbase Serverを配置して低遅延のアクセスを提供する際に、このような構成を取ることが考えられます。

図13.4: クラウド/中央データセンターとエッジデータセンターの同期

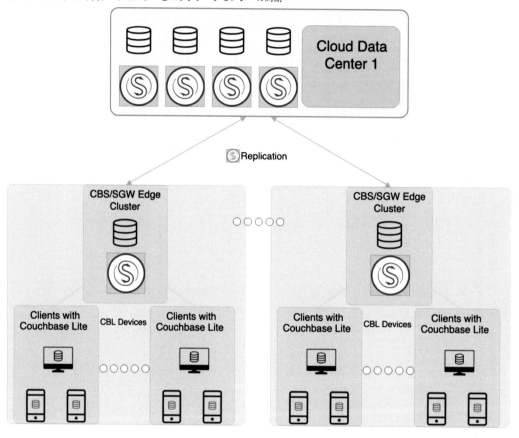

(図は、Couchbaseドキュメント Inter-Sync Gateway Replicationより)

クラウド/データセンター間の同期

このケースでは、地理的に離れたCouchbase Serverクラスター同士が同期されます。

図13.5: 複数のクラウド/データセンター間の同期

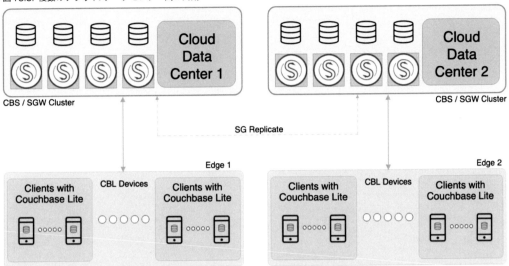

(図は、Couchbase ドキュメント Inter-Sync Gateway Replication より)

Couchbase Server の XDCR と Sync Gateway 間レプリケーションの関係

　Couchbase Server は、XDCR(クロスデータセンターレプリケーション) という、複数の Couchbase Server クラスター間のレプリケーション機能を提供しています。Couchbase Mobile を利用しない場合、この XDCR を用いて、Couchbase Server クラスター間のレプリケーションを行います。

　Sync Gateway 間レプリケーションを利用することによって、Couchbase Lite と Couchbase Server との同期を行うために、Sync Gateway が管理する固有の情報を、Couchbase Server クラスター間で同期することができます。Couchbase Lite との同期が介在する場合は、Couchbase Server クラスター間の同期のために Sync Gateway 間レプリケーションを用います。

第14章　Sync関数

　Sync Gatewayでは、開発者がSync関数(Sync Function[1])を定義することによって、データルーティングやアクセス制御などのアプリケーション固有の要件を実装します。

14.1　概要

関数構造

　Sync関数は、以下のような引数を取るJavaScript関数として定義されます。呼び出し元へ返す戻り値はありません。

```
function (doc, oldDoc, meta) {

}
```

　引数は、それぞれ次のような意味を持ちます。

- doc: ドキュメントのコンテンツを参照します。ユーザー定義のプロパティーに加え、以下のプロパティーを含みます。
  - ─_id: ドキュメントID
  - ─_rev: リビジョンID
  - ─_deleted: ドキュメント削除フラグ(ドキュメント削除の場合に含まれ、プロパティーの値はtrueです)
- oldDoc: 更新によって置き換えられるリビジョンを参照します。ドキュメント新規作成の場合、nullになります。
- meta: ドキュメントのメタデータを参照します。

　Sync関数を実装する際には、JavaScript仕様に即して、パラメーターの記載を省略することができます。metaパラメーターをSync関数で利用しない場合に記載を省略することができ、metaとoldDocの両方のパラメーターが必要ない場合も記載を省略できますが、oldDocパラメーターのみの省略はできません。

1.https://docs.couchbase.com/sync-gateway/current/sync-function.html

ドキュメント更新の制御

　Sync関数定義においては、戻り値による制御は行われません。その代わり、Sync関数内で例外を発生させることができ、例外の発生により関数の実行が中断された場合には、そのドキュメントの更新は実行されません。

　開発者はSync Gateway関数を定義する際に、要件に応じた検証ロジックを実装し、検証に適わない場合には例外により処理を中断することによって、ドキュメントの更新を制御することができます。

　このドキュメントの更新の制御は、ドキュメントの必須項目の検証の他、実行ユーザー権限の検証にも用いることができます。Sync Gatewayのユーザーは、アクセスが許可されているチャネルに関連付けられたドキュメントにのみアクセスできます。このチャネルへのアクセス権付与は、アクセス権限の種類(読み取り、書き込み)については区別しません。つまり、ドキュメントにアクセスできるユーザーは誰でも、ドキュメントへの読み取りアクセスを持つ(Sync Gatewayからドキュメントをプルする)ことに加え、ドキュメントを更新する(Sync Gatewayに対してドキュメントをプッシュする)ことができます。ドキュメントの書き込みアクセス制御は、Sync関数内で検証のプロセスを実装することによって実現されます。

14.2　アクセス制御設定API

　Sync関数を定義する際に開発者が利用することのできるAPI(Sync Function API[2])から、アクセス制御設定に関するものを紹介します。

access

　ユーザーにチャネルへのアクセスを許可します。

　次のふたつの引数を取ります。
・ユーザーやロールを識別する文字列、またはその配列
・チャネルを識別する文字列、またはその配列

　この関数をユーザーではなくロールに適用するには、ロール名の前にrole:を付けます。
　オールチャネルワイルドカード（'*'）を使用して、すべてのチャネルへのアクセスをユーザーに許可することができます。
　ユーザーとロールは、管理者が明示的に作成する必要があります。

　次の例は、ユーザーにチャネルのアクセスを許可します。

```
access ("jchris", "mtv");
```

2.https://docs.couchbase.com/sync-gateway/current/sync-function-api.html

次の例は、ユーザーに複数のチャネルへのアクセスを許可します。

```
access ("jchris", ["mtv", "mtv2", "vh1"]);
```

次の例は、複数のユーザーとロールにチャネルのアクセスを許可します。

```
access (["snej", "jchris", "role:admin"], "vh1");
```

channel

ドキュメントをチャネルに割り当てます。

次の引数を取ります。
・チャネル名を識別する文字列、またはその配列

指定するチャネルは、必ずしも事前に定義されている必要はありません。ドキュメントがチャネルに割り当てられると、そのチャネルが存在していなかった場合には、暗黙的に作成されます。
有効なチャネル名は、テキスト文字（[A-Z、a-z]）、数字（[0-9]）、およびいくつかの特殊文字（[= + / . , _ @]）で構成されます。チャネル名では大文字と小文字が区別されます。
null、またはundefinedとして解決される引数でchannelを呼び出すことが許容されています。この場合、単に何も起こりません。これによりchannel(doc.channels)のような使い方をするときに、doc.channelsが存在するかどうかを確認しなくても利用することが可能になっています。
以下の例は、ドキュメントの「published」プロパティーが真の場合、ドキュメントの「channels」プロパティーに定義されているチャネルに割り当てます。

```
if (doc.published) {
    channel(doc.channels);
}
```

role

ユーザーにロールを追加します。

次のふたつの引数を取ります。
・ロールを識別する文字列、またはその配列
・ユーザーを識別する文字列、またはその配列

ロール名の前にはrole:を付ける必要があります。

ユーザーとロールは、管理者が明示的に作成する必要があります。存在しないロールはエラーを引き起こしませんが、ユーザーのアクセス権限には影響しません。ロールの作成は、遡及的に行うことができます。存在しないロールをユーザーに追加した場合、事後的にロールが作成されるとすぐに、そのロールへの参照が有効になります。

次の例は「owner」ロールをユーザーに割り当てます。

```
role("jchris", "role:owner");
```

次の例は、指定されたふたつのロールをユーザーに割り当てます。

```
role("jchris", ["role:owner", "role:creator"]);
```

次の例は、「owner」ロールを、すべての指定されたユーザーに割り当てます。

```
role(["snej", "jchris", "traun"], "role:owner");
```

14.3 ドキュメント属性設定API

Sync関数を定義する際に開発者が利用することのできるAPI(Sync Function API[3])から、ドキュメント属性設定に関するものを紹介します。

expiry

ドキュメントの有効期限値(TTL)を設定します。

次の引数を取ります。
・ISO-8601形式の日付文字列、またはユニックスタイムで指定された有効期限値

TTLが30日未満の場合は、現在の時刻からの秒単位の間隔として表すこともできます(たとえば、「5」を指定すると、ドキュメントが書き込まれてから5秒後に削除されます)。

次の例は、ISO-8601形式の日付文字列を使用して、有効期限を設定しています。

```
expiry("2022-06-23T05:00:00+01:00")
```

3.https://docs.couchbase.com/sync-gateway/current/sync-function-api.html

14.4 権限検証API

　Sync関数を定義する際に開発者が利用することのできるAPI(Sync Function API[4])から、権限検証に関するものを紹介します。

　このタイプに属する関数は、権限の検証に際して、例外をスローすることで拒否を通知します。その場合、Sync関数のそれ以降のコードは実行されず、ドキュメントの更新は行われません。

requireAccess

　指定されたチャネル(の少なくともひとつ)にアクセスできるユーザーによって、行われていないドキュメントの更新を拒否します。

　次の引数を取ります。
・チャネル名を識別する文字列、またはその配列

　requireAccessは、具体的なチャネル名による許可のみを認識し、ワイルドカードを認識しません。ユーザーがワイルドカード（*）によって、すべてのチャネルに対するアクセスを許可されている場合、そのユーザーはrequireAccessの引数として指定される具体的なチャネルへのアクセスを明示的に許可されていないため、この関数呼び出しは失敗します。

　次の例は、ユーザーが「events」チャネルを読み取るためのアクセス権を持っていない限り、例外をスローします。

```
requireAccess("events");
```

　次の例は、ユーザーがドキュメントのchannelsプロパティーに定義されているチャネル(の少なくともひとつ)にアクセスできない場合、例外をスローします。

```
requireAccess(oldDoc.channels);
```

requireAdmin

　Sync Gateway 管理REST APIによって行われたものではないドキュメントの更新を拒否します。

　引数はありません。

　次の例は、このリクエストが管理REST APIに送信されたものでない限り、例外をスローします。

4.https://docs.couchbase.com/sync-gateway/current/sync-function-api.html

```
requireAdmin();
```

requireRole

　指定されたロール(の少なくともひとつ)を持っているユーザーによって、行われていないドキュメントの更新を拒否します。

　次の引数を取ります。
・ロールを識別する文字列、またはその配列

　次の例は、ユーザーが「admin」ロールを持っていない限り、例外をスローします。

```
requireRole("admin");
```

　次の例は、ユーザーがこれらのロールの少なくともひとつを持っていない限り、例外をスローします。

```
requireRole(["writer", "editor"]);
```

requireUser

　指定したユーザーによって行われていないドキュメントの更新を拒否します。

　次の引数を取ります。
・ユーザーを識別する文字列、またはその配列

　次の例は、ユーザーが「jchris」でない場合は例外をスローします。

```
requireUser("jchris");
```

　次の例は、ユーザーの名前がリストにない場合は例外をスローします。

```
requireUser(["snej", "jchris", "tleyden"]);
```

　次の例は、現在ドキュメントの更新を実行しているユーザーが、そのドキュメントに所有者として記録されているユーザーであるかどうかを確認することによって、ドキュメントの所有者のみに変更を許可するロジックを示しています。

```
if (oldDoc) {
    requireUser(oldDoc.owner);
}
```

14.5　例外API

throw

(JavaScript)例外を発生させます。関数の実行は停止されます。

後掲の例のようなメッセージを引数に指定することができます。

たとえば、以下のような用途に利用することが考えられます。

- ・特定のユーザーや、実行コンテクスト以外でのドキュメントの変更を許可しないように、要件に応じて実装された検証プロセスに適っていない場合に、例外を発生させます。
- ・ドキュメントに対して特定の構造を強制するために、必要な制約をチェックし、それらが満たされていない場合に例外を発生させます。たとえば、必須プロパティーや、充足していなければならないプロパティーの組み合わせのチャック等が考えられます。
- ・無効な更新を許可しないために、更新前ドキュメント(oldDoc)と更新後ドキュメント(doc)とを比較し、不適切な変更が行われている場合に例外を発生させます。例としては、「ドキュメント作成者」のような、ドキュメントの新規作成以降は変更を許さないプロパティーが考えられます。

次のように、Sync関数内でドキュメントモデルの検証を実装し、事前定義されたデータモデルに従わないドキュメントを、throwメソッドを使用して拒否することができます。

```
if (!doc.title || !doc.creator || !doc.channels || !doc.writers) {
    throw({forbidden: "Missing required properties"});
} else if (doc.writers.length == 0) {
    throw({forbidden: "No writers"});
}
```

上記の関数がコールされると、ドキュメントの更新は、HTTP 403 "Forbidden"エラーコードで拒否され、forbidden:プロパティーの値がHTTPステータスメッセージになります。

14.6　Sync関数定義における考慮点

開発者がSync関数を定義する際に、考慮すべき内容を紹介します。

検証に利用するパラメーターの選択

　Sync関数のなかでドキュメントを検証するロジックを実装する際には、更新後のドキュメント
を、つまり更新後ドキュメント情報を保持するdocパラメータのすべてのプロパティーを、基本的に
「信頼できないもの」として扱うべきだといえます。これは関数が常に、その検証対象とするデータ
への変更が破壊的なものでないこと、ないし悪意による改変が含まれていないことを前提とするべ
きではない、という考え方によります。

　たとえば、以下のコードは一見問題ないように見えます。

```
function(doc, oldDoc, meta) {
    requireUser(doc.owners);
}
```

　ただし、上記の考え方に基づくと、以下の表現が適切になります。

```
function(doc, oldDoc, meta) {
    requireUser(oldDoc.owners);
}
```

　ドキュメント情報に基づくアクセス権限などの検証を実装する場合には、docではなく、oldDoc
のプロパティーを利用することが、往々にして適当だといえます。

　一方で、以下のように、実行ユーザーが更新後ドキュメントのプロパティーの値と一致すること
を検証するケースも考えられます。このケースは、ドキュメントの内容に対する検証の一種である
と考えることができます。

```
function(doc, oldDoc, meta) {
    if (oldDoc == null) {
        requireUser(doc.creator);
    } else {
        requireUser(doc.updator);
    }
}
```

ドキュメント削除時の分岐

　Couchbase Mobileにおけるドキュメントの変更はリビジョンの追加として実現されています。こ
れは、ドキュメントの削除の場合も同様です。削除されたドキュメントは、_deleted:trueプロパ
ティーを持つ単なるリビジョンです。そして削除されたドキュメントには、_deleted:true以外の
プロパティーは存在しません。

ドキュメントが削除されている場合には、ドキュメントに対する検証は実際上必要になる場面はないと思われるかもしれません。ただし、Sync関数は、変更と削除の別を問わず呼び出されることに注意が必要です。そのため、特にドキュメント削除時の処理を明示的に設ける要件がないケースでこそ注意する必要が生じます。

ドキュメント削除時の処理が必要ない場合であっても、Sync関数には、ドキュメントの削除時にコールされた場合に、ドキュメントの更新時のために実装されている検証ロジックをスキップするための条件分岐を設ける必要があります。

doc._deletedプロパティーをチェックして、削除時には不要な更新時の検証をスキップすることによって、削除時には存在しないプロパティーへアクセスすることにより発生する意図しないエラーを回避します。

書き込み権限検証とアプリケーション設計

Sync関数は、Couchbase Liteデータベースと Couchbase Serverとの同期(レプリケーション)時に、Sync Gateway側(サーバーサイド)で実行されます。

モバイルアプリケーションのユースケースを想定した場合、本質的には、ユーザーは自身が行ったデータ編集が有効かどうかについて知る必要があるといえます。つまり、ユーザーがドキュメントの保存を実行したタイミングで、その操作が無効な操作である場合には、アプリケーションは、ユーザーに対して、操作がシステムに反映されなかったことを伝えるべきです。

その意味で、Sync関数内での書き込み権限の検証は、サーバーサイドでの整合性を保証するための(最終的な)手段であり、アプリケーション設計上、クライアントサイドでは、ユーザーがデータを保存するアクションをトリガーとして、操作の有効性に対する検証と結果の通知が行われるべきであると考えることができます。

なお、サーバーサイドでの検証の利点としては、あるユーザーやユーザーのグループ(ロール)に対して、サーバー側でアクセス権限を失効させることができる点があります。

14.7　Sync関数実装

Sync関数に関する章の締めくくりとして、実際のプロジェクトを想定したSync関数の実装について見ていきます。

要件定義

Sync関数定義を実装する際には、まず要件を決定することから始めます。要件定義着手にあたって、たとえば以下のような観点が考えられます。

・どのドキュメントを処理するか?
・どのユーザーがどのドキュメントにアクセスする必要があるか?
・ドキュメントの作成、更新、削除にどのような制約を課すか?

ここでは、次の要件の実装について見ていきます。

- ドキュメントは、必ず次のプロパティーを持つ：title,creator,channels,writers
- editorロールを持つユーザーへのみドキュメントの編集(作成・変更・削除)を許可
- ドキュメントのwritersプロパティーに登録されているユーザーへのみドキュメントの変更(削除を含む)を許可
- ドキュメントのcreatorプロパティーに登録されているユーザーによるドキュメント作成のみを許可(ドキュメント新規作成時に、実行ユーザーとcreatorプロパティーに登録されているユーザーが一致している)
- ドキュメントのcreatorプロパティーが変更されない

サンプル実装

以下は、上記の要件を実装したSync関数定義です。

```
function(doc, oldDoc, meta) {
    if (doc._deleted) {
        // ドキュメント削除時の分岐
        // ロールの検証：editorロールを持つユーザーによる削除でない場合、同期を拒否する。
        requireRole("editor");
        // ユーザー権限の検証：writersプロパティーに定義されているユーザーによる更新でない場合、同期を拒否する。
        requireUser(oldDoc.writers);
        // 後続のロジックをスキップ
        return;
    }


    // 必須プロパティーの検証
    if (!doc.title || !doc.creator || !doc.channels || !doc.writers) {
        throw({forbidden: "Missing required properties"});
    } else if (doc.writers.length == 0) {
        throw({forbidden: "No writers"});
    }


    if (oldDoc == null) {
        // 新規ドキュメント作成時の分岐
        // ロールの検証：editorロールを持つユーザーによる作成でない場合、同期を拒否する。
        requireRole("editor");
        // ユーザー権限の検証：creatorプロパティーに定義されているユーザーと実行ユーザーが同一でない場合、同期を拒否する。
        requireUser(doc.creator)
```

```
    } else {
        // 既存ドキュメント更新時の分岐
        // ユーザー権限の検証: writersプロパティーに定義されているユーザーによる更新でない場
合、同期を拒否する。
        requireUser(oldDoc.writers);
        // 変更不可プロパティーの検証: creatorプロパティーが変更されている場合、同期を拒否す
る。
        if (doc.creator != oldDoc.creator) {
            throw({forbidden: "Can't change creator"});
        }
    }
}
```

Sync Gatewayにおける拡張属性利用

Couchbase Serverはドキュメントに対して、拡張属性 (Extended Attributes[5]) を設ける機能を提供しています。開発者は拡張属性 (XATTR) を使って、ドキュメントにユーザー定義のメタデータを設定することができます。

拡張属性は、通常のアプリケーションロジックではなく (この場合、ドキュメントプロパティーを利用するのが適当)、ライブラリーやフレームワークでの利用が想定されています。

エンタープライズエディションでは、Sync関数内でドキュメントの拡張属性にアクセスすることができます。これによって、たとえばアクセス制御の目的で利用される、Sync関数専用のデータ項目を、ドキュメントのプロパティーを使用するよりも、安全かつ効率的に保持することができます。

拡張属性の利用には、情報がドキュメントのコンテンツから分離されるという設計上の利点があります。加えて、拡張属性の更新は新しいリビジョンを作成しないため、情報を更新してもドキュメントの同期が発生しない、という実行効率上の利点があります。

詳細についてはドキュメント (Use Extended Attributes for Access Grants[6]) を参照ください。

5.https://docs.couchbase.com/java-sdk/current/concept-docs/xattr.html
6.https://docs.couchbase.com/sync-gateway/current/access-control-how-use-xattrs-for-access-grants.html

第15章　Sync Gateway管理

15.1　Sync Gateway構成

Sync Gatewayの構成(Configuration[1])について解説します。

概要

　Sync Gatewayは、複数のSync Gatewayノードからなるクラスターとして構成することによって、水平方向にスケーリングすることが可能です。単一障害点を避け、高可用性を確保するためには、少なくともふたつのSync Gatewayノードが必要になります。

　Sync Gatewayは、このようなクラスターとしての運用に適した、**一元化永続的モジュラー構成**(Centralized Persistent Modular Configuration)を採用しています。

　Sync Gatewayの構成情報は、Sync Gatewayノード毎に個別に管理されるのではなく、それらのノードから構成されるSync Gatewayクラスターが共通して利用するCouchbase Serverで管理されます。具体的には、Sync Gatewayに対して、管理REST APIを通じて構成管理を行うことで、永続的かつ一元化された構成管理が実現されます。

　このような一元化永続的モジュラー構成によって、たとえば、ノード毎にそれぞれの構成ファイルを管理する場合と比べて、シンプルかつ俊敏な構成の更新が可能になっています。

　一元化永続的モジュラー構成の特徴について、以下に整理します。

- **永続的構成**: 管理REST APIを使用して行われた構成情報の変更はすべてCouchbase Serverデータベースに永続化され、Sync Gatewayの再起動後も存続します。
- **構成情報共有とノード固有構成の両立**: Sync Gatewayクラスターを構成するノードは、共通のCouchbase Serverに接続します。ノードは、Couchbase Serverを介して、構成情報を共有します。また、各ノードはそのノード固有の構成を持つこともできます。
- **ブートストラップ起動**: ブートストラップ設定ファイルという最小限の構成ファイルを使用して、Sync Gatewayノードを起動し、Couchbase Serverクラスターに接続します。ブートストラップ設定ファイルに記載される設定はノード固有になります。
- **動的構成**: 実行中のSync Gatewayの構成を、管理REST APIを使用して変更することができます。これにより、俊敏なメンテナンスが可能になります。必要な場合には、自動再起動が行われます。
- **リモート管理**: Sync Gatewayノードのトポロジーに左右されず、容易にSync Gatewayを管理することができます。これは、エッジデータセンターにSync Gatewayがデプロイされている場合

1.https://docs.couchbase.com/sync-gateway/current/configuration-overview.html

に特に有用です。また、構成情報の変更・確認においては、ユーザー認証とロールベースのアクセスコントロールが適用されるため、セキュリティーを担保しながら容易な管理を実現することができます。

Sync Gatewayの構成プロパティーは、ノードに固有の**ノードレベルプロパティー**と、Sync Gatewayクラスター内で共有される**データベースレベルプロパティー**のふたつのレベルのいずれかに属します。

ノードレベルプロパティー

ノードレベルプロパティーはノード固有であり、他のノードとは共有されません。以下のようなプロパティーが、ノードレベルプロパティーに属します。

- **Couchbase Server接続設定**: Sync GatewayノードがCouchbase Serverへ接続するために必要な情報であり、構成プロパティーの最小限セットです。変更には再起動が必要です。
- **システムプロパティー**: たとえば、TLS認証ファイルのパス(api.tls.cert_path)や、サーバー固有のファイルデスクリプター最大値(max_file_descriptors)のようなシステム固有のプロパティーです。変更には再起動が必要です。
- **ロギングプロパティー**: ノードのログ出力に関するプロパティーです。管理REST APIにより変更可能であり、その場合、再起動は不要ですが、REST APIによるロギングプロパティーへの変更は、再起動後は引き継がれません。

データベースレベルプロパティー

データベースレベルプロパティーは、クラスターを構成するSync Gatewayノードで共有されます。これらのプロパティーは、管理REST APIにより変更可能です。以下のようなプロパティーが、データベースレベルプロパティーに属します。

- **DBプロパティー**:bucketのようなデータベース構成やusersのようなデータベースへのアクセス制御ポリシーに関するプロパティーです。
- **レプリケーションプロパティー**: レプリケーションに関するプロパティーです。

ブートストラップ構成ファイル

以下は、ブートストラップ構成ファイルの例です。

```
{
  "bootstrap": {
    "server": "couchbases://localhost",
    "server_tls_skip_verify": true,
    "username": "Administrator",
```

```
    "password": "password"
  },
  "logging": {
    "console": {
      "enabled": true,
      "log_level": "info",
      "log_keys": ["*"]
    }
  }
}
```

　以下は、このようなブートストラップ構成ファイルを利用して、Sync Gatewayをコマンドライン
から実行した際の出力の例です。[2]

```
$ ./bin/sync_gateway ./basic.json
2022-05-20T14:25:27.239+09:00 ==== Couchbase Sync Gateway/3.0.0(541;46803d1) CE
====
2022-05-20T14:25:27.241+09:00 [INF] Loading content from [./basic.json] ...
2022-05-20T14:25:27.243+09:00 [INF] Config: Starting in persistent mode using
config group "default"
2022-05-20T14:25:27.243+09:00 [INF] Logging: Console to stderr
2022-05-20T14:25:27.243+09:00 [INF] Logging: Files disabled
2022-05-20T14:25:27.243+09:00 [ERR] No log_file_path property specified in
config, and --defaultLogFilePath command line flag was not set. Log files
required for product support are not being generated. -- base.InitLogging()
at logging_config.go:71
2022-05-20T14:25:27.244+09:00 [INF] Logging: Console level: info
2022-05-20T14:25:27.244+09:00 [INF] Logging: Console keys: [* HTTP]
2022-05-20T14:25:27.244+09:00 [INF] Logging: Redaction level: partial
2022-05-20T14:25:27.244+09:00 [INF] Configured process to allow 5000 open file
descriptors
2022-05-20T14:25:27.244+09:00 [INF] Logging stats with frequency: &{1m0s}
2022-05-20T14:25:27.412+09:00 [INF] Config: Successfully initialized cluster
agent
2022-05-20T14:25:27.811+09:00 [WRN] Config: No database configs for
group "default". Continuing startup to allow REST API database creation
-- rest.(*ServerContext).initializeCouchbaseServerConnections() at
server_context.go:1416
2022-05-20T14:25:27.811+09:00 [INF] Config: Starting background polling for new
configs/buckets: 10s
2022-05-20T14:25:27.811+09:00 [INF] Starting metrics server on 127.0.0.1:4986
2022-05-20T14:25:27.811+09:00 [INF] Starting admin server on 127.0.0.1:4985
2022-05-20T14:25:27.811+09:00 [INF] Starting server on :4984 ...
```

---

2. サーバーソフトウェアをこのようにフォアグラウンドプロセスで実行することに疑問を持たれる方がいるかもしれませんが、ここではわかりやすさを優先しています。Sync Gateway をサービスとしてバックグラウンドで実行する方法について、後の環境構築についての章で紹介しています。

データベースの設定が含まれていないという警告が出力されていますが、管理REST APIによる構成を受け付けるために、Sync Gatewayが実行されているのがわかります。

構成グループ

Sync Gatewayエンタープライズエディションではクラスターのノードを、共通の構成を共有するグループに所属させることが可能です。共通の構成を共有するノードのグループを**構成グループ (Config Group)** と呼びます。グループIDプロパティー（`bootstrap.group_id`）を使用して、Sync Gatewayノードをグループ化します。

ひとつのノードに行われた変更は、グループ内の他のノードに自動的に伝播されます。

構成グループを明示的に指定しない場合、そのノードは、`default`グループに所属します。

永続的構成の無効化

Sync Gatewayでは、管理REST APIによる構成設定をCouchbase Serverデータベースに永続化する永続的構成(Persistent Config)を無効に設定し、全ての構成情報を構成ファイルを用いて静的に構成するオプションも用意されています。

本格的な複数台ノードからなるクラスター運用では、一元化永続的モジュラー構成が有益ですが、たとえば開発用に環境を複製する場合など、再現性のある構成情報を簡単に共有するために静的な構成ファイル管理の利点を活用することができます。このオプションを使用するには、ブートストラップ設定ファイルの中で`disable_persistent_config`フラグを`true`に設定します。

構成ファイル内での関数定義方法

永続的構成を無効化し、全ての構成情報をファイルを用いて構成する場合、Sync関数のようなJavaScript関数による設定は、JSONフォーマットで定義される構成ファイル内に記述することになります。

Sync Gateway構成ファイル内でJavaScript関数を定義する場合には、以下のようにバッククォート(`)で関数定義箇所を囲みます。[3]

```
{
    "disable_persistent_config": true,
    "databases": {
        "travel-sample": {
            "sync": `
            function(doc, oldDoc, meta) {
                // Sync関数実装
            }`
        }
    }
}
```

---

3. 本記述例は、構造を簡潔に示すためのものであり、本来の構成とは異なります。

このようなバッククォートの利用は、JSON本来の仕様には含まれない、Sync Gateway構成ファイル独自のものです。

JavaScript関数定義方法

上記の例における関数定義では、JavaScriptの無名関数を用いています。

Couchbase Mobileのドキュメントやサンプルでは、無名関数が用いられている場合と、関数に(syncのような)名前が定義されている場合の両方が見られます。

構成プロパティーの値として定義された関数は、何らかの変数に代入された上で利用されている(つまり、特定の関数命名規則に依存しているのではない)と考えると、この記載方法の違いが本質的ではないことが理解できるでしょう。

15.2　管理REST APIによる構成情報登録

概要

アクセス制御のために、管理REST APIを利用して各種アクセス権限管理エンティティーを構成する方法を解説します。

Couchbase Mobileにおけるレプリケーションの構成単位は、Couchbase Serverのバケットです。このCouchbase Serverの「バケット」は、他のデータベースにおける「データベース」に類する位置づけと捉えることができ、Sync Gateway構成プロパティー上の命名としても「データベース(Database/DB)」という語が用いられています。アクセス制御の設定は、この「データベース」単位に行います。

設定対象データベースは、管理REST APIエンドポイントURL上のパスで表現されます。以降の説明では、このパス中のデータベース指定を{db}と表記します。

なお、管理REST APIのデフォルトのポート番号は4985であり、例中でもデフォルトのポート番号が利用されています。

APIエクスプローラー

以降で紹介する実行例は、エンドポイントの全てを網羅するものではありません。

Couchbaseのドキュメンテーションでは、管理REST APIとして公開されている全てのエンドポイントを確認することのできるAPIエクスプローラー[4]が公開されています。このAPIエクスプローラーは、OpenAPI[5]仕様に基づいたフォーマットを持っています。OpenAPI仕様は、APIドキュメンテーション化のためのフレームワークであるSwagger[6]を起源としており、広く用いられています。

認証

管理REST APIへのリクエストを行うためには、必要な権限のセットを有しているCouchbase

4.https://docs.couchbase.com/sync-gateway/current/rest-api-admin.html#api-explorer

5.https://www.openapis.org/

6.https://swagger.io/

Serverユーザーによる認証が必要になります。

以下は、認証情報を与えて管理REST API(のルートエンドポイント)をコールした例です。

```
$ curl -X GET http://localhost:4985 \
  -H 'authorization: Basic QWRtaW5pc3RyYXRvcjpwYXNzd29yZA=='
{"ADMIN":true,"couchdb":"Welcome","vendor":{"name":"Couchbase Sync
Gateway","version":"3.0"},"version":"Couchbase Sync Gateway/3.0.0(541;46803d1)
CE"
```

なお、上記の認証用のヘッダーに指定した情報は、下記のように生成したものです。

```
$ echo -n "Administrator:password" | base64
QWRtaW5pc3RyYXRvcjpwYXNzd29yZA==
```

認証情報を用いない場合は、下記のような結果になります。

```
$ curl -X GET http://localhost:4985
{"error":"Unauthorized","reason":"Login required"}
```

データベース登録

/{db}/エンドポイントにPUTリクエストを送信して、新しいデータベースを登録します。

以下の例では、Couchbase Serverのmybucketという名前のバケットをSync Gatewayで利用するために登録しています。

```
$ curl --location --request PUT 'http://localhost:4985/mybucket/'  \
  -H 'authorization: Basic QWRtaW5pc3RyYXRvcjpwYXNzd29yZA==' \
  --header 'Content-Type: application/json' \
  --data-raw '{ "bucket": "mybucket","num_index_replicas": 0}'
```

登録されたデータベースに対して、/{db}/_configエンドポイントにPUTリクエストを送信して、構成情報の登録・変更を行うことができます。

構成プロパティーの詳細については、ドキュメント(Configure Database[7])を参照ください。

ユーザー作成

/{db}/_user/エンドポイントにPOSTリクエストを送信して、新しいユーザーを作成します。

以下の例は、「mydatabase」のアクセス制御のために新しいSync Gatewayユーザー「Edge1User」を追加します。

---

[7] https://docs.couchbase.com/sync-gateway/current/configuration-schema-database.html#lbl-configure-db

```
$ curl -vX POST "http://localhost:4985/mybucket/_user/" \
  -H "accept: application/json" -H "Content-Type: application/json" \
  -H 'authorization: Basic QWRtaW5pc3RyYXRvcjpwYXNzd29yZA==' \
  -d '{"name": "Edge1User", "password": "pass"}'
```

　既存のユーザーを更新する場合は、PUTリクエストを送信します。この場合、URLパスの最後に
ユーザー名を含めます。

　以下の例は、既存のユーザー「Edge1User」を更新し、admin_channelsにエントリーを追加し
ます。

```
$ curl -vX PUT "http://localhost:4985/mybucket/_user/Edge1User" \
  -H "accept: application/json" -H "Content-Type: application/json" \
  -H 'authorization: Basic QWRtaW5pc3RyYXRvcjpwYXNzd29yZA==' \
  -d '{"name": "Edge1User", "admin_channels": ["RandomChannel"]}'
```

ロール作成

　/{db}/_role/エンドポイントにPOSTリクエストを送信して、新しいロールを作成します。

　以下の例は、「mybucket」のアクセス制御のために新しいSync Gatewayロール「Edge1」を追加
します。

```
$ curl -vX POST "http://localhost:4985/mybucket/_role/" \
  -H "accept: application/json" -H "Content-Type: application/json" \
  -H 'authorization: Basic QWRtaW5pc3RyYXRvcjpwYXNzd29yZA==' \
  -d '{"name": "Edge1"}'
```

ユーザーへのロールとチャネルの割り当て

　以下のように、ユーザーにロールとチャネルを割り当てることができます。

　ここでは、「Edge1User」に、「Edge1」ロールと「Channel1」チャネルを割り当てています。

```
$ curl -vX PUT "http://localhost:4985/mybucket/_user/Edge1User" \
  -H "accept: application/json" -H "Content-Type: application/json" \
  -H 'authorization: Basic QWRtaW5pc3RyYXRvcjpwYXNzd29yZA==' \
  -d '{ "admin_roles": ["Edge1"], "admin_channels": ["Channel1"]}'
```

ロールへのチャネルの割り当て

　/{db}/_role/{name}エンドポイントにPUTリクエストを送信して、ロールにチャネルを追加し
ます。{name}は、更新するロール名です。

admin_channelsプロパティーの値に割り当てるチャネルを指定します。

```
$ curl -vX PUT "http://localhost:4985/mybucket/_role/Edge1" \
  -H "accept: application/json" -H "Content-Type: application/json" \
  -H 'authorization: Basic QWRtaW5pc3RyYXRvcjpwYXNzd29yZA==' \
  -d '{ "admin_channels": ["Channel2","Channel3"]}'
```

Sync関数登録

　_config/syncエンドポイントにPUTリクエストを送信して、Sync GatewayにSync関数を登録
します。

```
$ curl -vX PUT 'http://localhost:4985/mybucket/_config/sync' \
  -H 'authorization: Basic QWRtaW5pc3RyYXRvcjpwYXNzd29yZA==' \
  -H 'Accept: application/json'  -H 'Content-Type: application/javascript' \
  -d 'function(doc,oldDoc, meta){ if (doc.published) { channel("public");} }'
```

　関数の登録には、ここで紹介したパラメーターとして指定する方法の他、ファイルパスを指定
する方法や、URLを指定する方法があります。詳しくはドキュメント(Using External Javascript
Functions[8])を参照ください。

匿名アクセス有効化

　次の例では、GUESTアカウントを有効にし、「public」という名前のチャネルへのアクセスを許
可しています。

```
$ curl -X PUT localhost:4985/mybucket/_user/GUEST \
  -H 'authorization: Basic QWRtaW5pc3RyYXRvcjpwYXNzd29yZA==' \
  --data  '{"disabled":false, "admin_channels":["public"]}'
```

15.3　管理REST APIによる構成情報確認

概要

　ここまで、管理REST APIにより設定を追加、変更する方法を見てきました。運用上、既存の設
定を確認することも必要になる場面があるでしょう。以下では、構成対象毎に、現在の構成情報を
確認する方法を紹介します。

8.https://docs.couchbase.com/sync-gateway/current/configuration-javascript-functions.html

データベース

/{db}エンドポイントにGETリクエストを送信します。

```
$ curl  'http://localhost:4985/mybucket/' \
 -H 'authorization: Basic QWRtaW5pc3RyYXRvcjpwYXNzd29yZA=='
```

以下は、上記リクエストの出力の例です。

```
{
  "db_name":"mybucket",
  "update_seq":0,"committed_update_seq":0,"instance_start_time":1653967274774798,
"compact_running":false,"purge_seq":0,"disk_format_version":0,"state":"Online","
server_uuid":"98274548610aa472839f796329c90f9c"
}
```

ユーザー

/{db}/_user/{name}エンドポイントにGETリクエストを送信します。
以下は、ユーザーEdge1Userのアクセスを確認する例です。

```
$ curl http://localhost:4985/mybucket/_user/Edge1User \
 -H 'authorization: Basic QWRtaW5pc3RyYXRvcjpwYXNzd29yZA=='
```

以下は、上記リクエストの出力の例です。

```
{
  "name":"Edge1User",
  "admin_channels":["Channel1"],
  "all_channels":["!","Channel1","Channel2","Channel3"],
  "disabled":false,
  "admin_roles":["Edge1"],
  "roles":["Edge1"]
}
```

　ユーザーEdge1Userには、Edge1User自身のadmin_channelsプロパティーを通じてChannel1が割り当てられており、Edge1ロールのadmin_channelsプロパティーを通じてChannel2とChannel3が割り当てられています。ロールのadmin_channelsの内容を確認しなくとも、ユーザーのall_channelsプロパティーから、これらのチャネルの全てを確認することができます。

ロール

/{db}/_role/{name}エンドポイントにGETリクエストを送信します。
以下は、ロールEdge1のアクセスを確認する例です。

```
$ curl http://localhost:4985/mybucket/_role/Edge1 \
  -H 'authorization: Basic QWRtaW5pc3RyYXRvcjpwYXNzd29yZA=='
```

以下は、上記リクエストの出力の例です。

```
{
  "name":"Edge1",
  "admin_channels":["Channel2","Channel3"],
  "all_channels":["!","Channel2","Channel3"]
}
```

Sync関数

Sync関数の内容を確認するには、/{db}/_config/syncエンドポイントにGETリクエストを送信
します。

```
$ curl 'http://localhost:4985/mybucket/_config/sync' \
  -H 'authorization: Basic QWRtaW5pc3RyYXRvcjpwYXNzd29yZA=='
```

第16章　Sync Gatewayセキュリティー

Sync Gatewayへのアクセスに関するセキュリティー(Secure Sync Gateway Access[1])機能について解説します。[2]

16.1　概要

Sync Gatewayで発生する通信経路について整理すると、以下の種類があります。

- Sync Gatewayのクライアント(Couchbase Liteや、パブリックREST APIへアクセスするユーザー)との通信
- Sync Gatewayの管理/監査ユーザー(管理/メトリクスREST APIへアクセスするユーザーやシステム)との通信
- Couchbase Serverとの通信

Sync GatewayとCouchbase Serverとの通信においては、Sync GatewayがCouchbase Serverのクライアントの位置づけとなります。Sync Gatewayの通信におけるセキュリティーを理解する際には、Sync Gatewayがサーバーの役割を果たす場合と、クライアントの役割を果たす場合とを区別することが重要になります。

たとえば、Sync GatewayにおけるTLS対応というとき、それは直接的にはまずサーバーとしてのセキュリティー機能として考えられますが、Sync GatewayがクライアントとしてCouchbase Serverへ接続する際の構成オプションとしての面も存在します。

16.2　ユーザー認証

Sync Gatewayにおける、ユーザー認証(User Authentication[3])について解説します。

ここでいう「ユーザー」とは、Sync Gatewayのクライアントである Couchbase Lite アプリケーションで用いられるSync Gatewayユーザー(Sync Gateway User[4])を指します。

匿名アクセス

Sync Gatewayでは、「GUEST」という名前の付いた特別なユーザーアカウントが、認証されて

1.https://docs.couchbase.com/sync-gateway/current/secure-sgw-access.html

2.ここでは、Sync Gateway で行うセキュリティー構成について記述しています。Sync Gateway に接続する Couchbase Lite アプリケーションで行うセキュリティー構成については、後の Couchbase Lite レプリケーションの章を参照ください。

3.https://docs.couchbase.com/sync-gateway/current/authentication-users.html

4.https://docs.couchbase.com/sync-gateway/current/access-control-concepts.html#lbl-sgw-users

いないリクエストに適用されます。AuthorizationヘッダーまたはセッションCookieを持たないパブリックREST APIへのリクエストは、GUESTアカウントからのものとして扱われます。この匿名アクセスはデフォルトで無効になっています。

GUESTアカウントを有効化して利用する場合、GUESTアカウントに対して、特定のチャネルへのアクセスを許可します。チャネルをGUESTアカウントに割り当てない限り、匿名のリクエストはどのドキュメントにもアクセスできません。

基本認証

Sync Gatewayユーザーを作成する際に、認証情報としてユーザー名とパスワードを定義します。Couchbase Liteアプリケーションで、そのユーザー名/パスワードを使用して、Sync Gatewayに対して認証することができます。

レプリケーターは最初のリクエストで認証情報(クレデンシャル)を送信してセッションクッキーを取得し、これを後続のリクエストに使用します。

認証プロバイダー

Sync Gatewayは、FacebookやGoogleのようなサードパーティー認証機関を利用するためのソリューションを提供します。

認証プロバイダーから提供されているSDKを利用して、トークンを取得する責任はアプリケーションにあります。アプリケーションは、取得したトークンをSync Gatewayに送信し、Sync Gatewayからセッション IDを受け取ります。このセッションIDが、その後のリクエストに使用されます。

次の図は、この一連の手順を示しています。

図16.1: 認証プロバイダー連携シーケンス

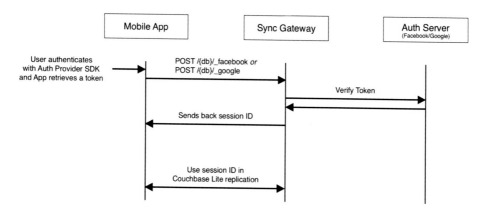

(図は、CouchbaseドキュメントUser Authenticationより引用)

上記図にあるように、Sync Gatewayは、下記のエンドポイントを提供します。

- /{db}/_facebook
- /{db}/_google

ドキュメントに掲載されている、パブリックREST APIのAPIエクスプローラー[5](Authentication
セクション)にて、利用方法を確認することができます。

カスタム認証

　カスタム認証では、アプリケーションサーバーを用いて、認証のための独自のフロントエンドを
設けます。このアプリケーションサーバーでは、他の認証サービスと、Sync Gateway REST API
を組み合わせて認証プロセスを構築します。Sync Gatewayは、そのために利用することのできる機
能を提供します。

　次の図は、Couchbase MobileアプリケーションでGoogleサインインとの連携を行うアーキテク
チャの例を示しています。

　詳細については、ドキュメント[6]を参照ください。

図16.2: カスタム認証概念図

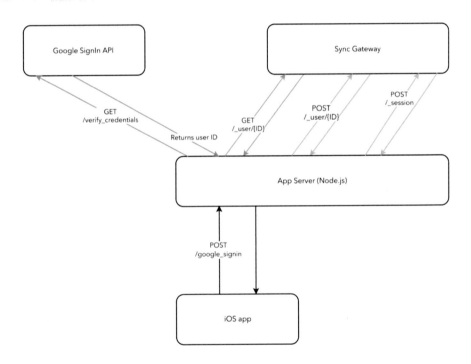

(図は、CouchbaseドキュメントUser Authenticationより引用)

5.https://docs.couchbase.com/sync-gateway/current/rest-api.html#api-explorer

6.https://docs.couchbase.com/sync-gateway/current/authentication-users.html#custom-authentication

OpenID Connect

Sync GatewayはOpenID Connectに対応しています。これにより、OpenID Connectをサポートするサードパーティ認証プロバイダーに認証を委任することができます。

詳細については、ドキュメント[7]を参照ください。また、OpenID Connect利用に関するチュートリアル「Set up an OpenID Connect authentication for the Sync Gateway[8]」が公開されています。

16.3　TLS証明書認証

概要

Sync Gatewayは、TLS証明書認証(TLS Certificate Authentication[9])をサポートします。
TLS証明書認証を有効にするには、次のふたつの構成プロパティーを追加します。

・SSLCert: X.509証明書または証明書チェーンを含むPEM形式のファイルへのパス
・SSLKey: 証明書と一致する秘密鍵を含むPEM形式のファイルへのパス

これらのプロパティーが存在する場合、Sync Gatewayインスタンスは、TLSのみに応答します。HTTP接続とHTTPS接続の両方をサポートしたい場合は、ふたつの別々のSync Gatewayインスタンスを実行する必要があります。

構成方法

TLS証明書を利用するには、信頼されている認証局(CA)から証明書を取得するか、自己署名証明書を作成します。どちらの方法で証明書を準備した場合でも、秘密鍵とX.509証明書が得られます。
これらのファイルをSync Gatewayプロセスが読み取り可能なディレクトリーに配置します。その際には、許可されていないユーザーがファイルを読み取れないようにすることが重要です。

16.4　REST APIアクセス

認証と承認

REST APIへのアクセス制御の方法は、パブリックREST APIと、その他のAPI(管理REST APIとメトリクス REST API)とで異なります。

パブリックREST APIへのリクエストを送信するユーザーについては、Sync Gatewayユーザー(Sync Gateway User[10])を作成し、Sync Gateway構成における適切な権限管理を行います。

一方、管理/メトリクスREST APIへのリクエストを送信するユーザーについては、Couchbase

7.https://docs.couchbase.com/sync-gateway/current/authentication-users.html#openid-connect
8.https://docs.couchbase.com/tutorials/openid-connect-implicit-flow/index.html
9.https://docs.couchbase.com/sync-gateway/current/authentication-certs.html
10.https://docs.couchbase.com/sync-gateway/current/access-control-concepts.html#lbl-sgw-users

Serverのユーザー(RBAC Users[11])を作成し、必要な権限のセットを与えます。

アクセス経路保護

Sync Gatewayでは、REST APIのエンドポイントをAPIの種類毎に構成します。それぞれに、デフォルトで異なるポート番号が割り当てられています。

管理REST APIやメトリクスREST APIは、通常内部ネットワークに公開されていれば十分だと考えられます。

一方、パブリックREST APIに対しては、ファイアウォールを構成する等、必要に応じ外部からの安全な接続を構成することが考えられます。

このように、APIの性格、利用法に応じて、ポート番号レベルで構成を行うことが想定されています。

16.5 Couchbase Server接続

概要

Sync GatewayからのCouchbase Serverへの接続に際して、次のふたつの方法があります。

・Couchbase Serverのユーザー名とパスワードを、Sync Gateway構成情報として指定します。
・Couchbase Serverのルート証明書によって署名されたX.509クライアント証明書を使用します。
　これは、ユーザー名とパスワードを指定する方法の代替として、もしくは同時に使用することができます。

Sync GatewayからCouchbase Serverへの接続は、データベース(バケット)指定により構成されます。従って、予めCouchbase Serverに該当するバケットが存在する必要があるのに加えて、Couchbase Serverへの接続に用いられるユーザーがそのバケットに対する適切な権限を有している必要があります。

X.509クライアント証明書

Couchbase ServerとSync Gatewayとの間でX.509証明書ベースの認証を使用するには、はじめにCouchbase Serverでルート証明書とサーバー証明書を作成します。ルート証明書とサーバー証明書によってCouchbase Serverクラスターを保護した後で、クライアント証明書をルート証明書で署名します。このクライアント証明書を用いて、Sync Gatewayでクライアント証明書認証を有効にすることによって、証明書によって保護されたCouchbase serverへの接続を設定することができます。

Couchbase Serverクラスターのルート証明書によって承認されるクライアント証明書の作成方法については、Couchbase Serverドキュメント(Configure Client Certificates for Couchbase Server[12])

11.https://docs.couchbase.com/sync-gateway/current/access-control-concepts.html#lbl-rbac-users

12.https://docs.couchbase.com/server/current/manage/manage-security/configure-client-certificates.html#client-certificate-authorized-by-a-root-certificate

を参照ください。

　なお、Sync Gateway構成情報内に、Couchbase Serverのユーザー名/パスワードとX.509証明書に関するプロパティーの両方が指定されている場合、パスワードベースの認証が行われた上で、TLSハンドシェイクの際にクライアント証明書が用いられます。

　X.509証明書ベースの認証は、以下のSync Gateway構成プロパティーに各ファイルへのパスを指定することによって有効になります。

- bootstrap.ca_cert_path
- bootstrap.x509_cert_path
- bootstrap.x509_key_path

　構成プロパティーの詳細については、ドキュメント(Bootstrap Configuration[13])を参照ください。
　適切と思われる構成を行ったにも関わらず接続が失敗する場合は、クラスター証明書エラー表(Cluster Certificate Errors[14])を問題解決に役立てることができます。

TLS無効化

　テストや開発時などの簡略化のために、TLSを無効にする設定が提供されています。bootstrap.server_tls_skip_verifyフラグをtrueに設定することによって、TLSを無効にすることができます。
　TLS暗号化利用時には、接続先のCouchbase Serverを指定する接続文字列のプロトコルとしてcouchbases://を指定します(https://のように、「s」で終わっていることに注意)。TLSを無効にした場合は、接続文字列にcouchbase://を指定します。

Couchbase ServerとのTLS通信

　Couchbase ServerではクライアントとのTLS通信はエンテープライズエディションにおける機能として位置付けられています。一方、Sync GatewayではTLSの利用にエディションによる制約はなく、コミュニティーエディションでも用いることができます。この不整合は将来何らかの形で解消されるかもしれませんが、現時点においてはコミュニティーエディションユーザーにとって混乱の原因となる可能性があるため、記します。

13.https://docs.couchbase.com/sync-gateway/current/configuration-schema-bootstrap.html
14.https://docs.couchbase.com/server/current/manage/manage-security/handle-certificate-errors.html#cluster-certificate-errors

第17章　Sync Gatewayシステム設計

　Sync Gatewayをシステム構築に用いる際における、設計上の留意事項について解説します。

　Sync Gatewayを介したCouchbase LiteとCouchbase Serverとのデータ同期を行うに際して、Sync Gatewayエンティティーに由来する観点に加えて、Couchbase Serverの技術仕様に応じた考慮も必要になります。

　また、Sync Gatewayのデプロイメント(Deployment[1])における、ハードウェアやOSに関する留意事項についても解説します。

17.1　エンティティー設計

　ユーザーやチャネルのような、Sync Gatewayで用いられるエンティティーの数は、プロジェクトの要件によって異なります。

　エンティティー情報は、ディスクやメモリーのスペースを消費するため、要件に応じて、それらに関わるデフォルト値を変更したり、名前設計を考慮する必要が生じる場合があります。

チャネル

　チャネルは、ユーザーとドキュメントの両方と関係を持ちます。

　Sync Gatewayで用いることのできるチャネル数については、固定された上限値はありません。ただし、Sync Gateway内部における情報の保存方法に関係して、実際上の上限が存在します。

　以下、Sync Gateway内部のチャネル情報管理について、ユーザーとドキュメントそれぞれの観点から解説します。また、設計上の具体的な指針についても示します。

　はじめに、**ユーザー当たりのチャネル数**について、見ていきます。

　ユーザーに割り当てられているチャネルの情報は、Sync Gatewayユーザー情報の一部として管理されます。Sync Gatewayユーザー情報は、Couchbase Serverのドキュメントとして保存されます。

　そのため、1ユーザーに対して割り当てることのできるチャネルの数は、チャネルによって消費されるデータ量による限界を持ちます。ユーザー情報は、Couchbase Serverドキュメントの最大サイズである20MB以内に収まる必要があります。通常1ユーザーあたり1000チャネル程度の運用が可能とされています。

　次に検討するのは、**ドキュメント当たりのチャネル数**です。

　ドキュメントが新しいチャネルに割り当てられるたびに、チャネル名がそのドキュメントのメタ

1.https://docs.couchbase.com/sync-gateway/current/deployment.html

データに追加されます。そのため、チャネルへのアクセス許可情報によって消費されるデータのサイズが、ドキュメントの拡張属性(XATTR)の最大サイズである1MB内に収まる必要があります。

したがって、ドキュメントを複数のチャネルに割り当てる場合、割り当てるチャネルの最大数には実際上の上限があります。Sync Gatewayは、許可された制限を下回っている限り、ドキュメントを新しいチャネルに割り当てます。

通常1ドキュメントあたり50チャネル程度の運用が可能とされています。

ユーザーやドキュメントあたりのチャネル数が使用可能なスペースを超えることが見込まれる場合、次のことを検討します。

・チャネル名を短くします。チャネル名が短いほど、占有するスペースが少なくなります。
・必ずしも個別に持つ必要がないチャネルを統合するなど、システムで利用するチャネルの数を減らせないかどうかを検討します。
・ドキュメントあたりのチャネル数を減らすために、ドキュメントのリビジョンの数を制限します。チャネル情報はリビジョンごとに保持されます。

ユーザー/ロール

Sync Gatewayのユーザーやロールの情報は、Couchbase Serverのバケットに格納されます。そのため、ユーザーやロールの数は、バケットの容量を消費することになります。特に、コンシューマー向けモバイルアプリのように、サービスの利用規模拡大に合わせて、ユーザー数が増加する様なユースケースでは注意が必要になります。

17.2　ドキュメント設計

Sync Gatewayを使用して同期するドキュメントのデータモデリング(Data Modelling[2])について解説します。Couchbase Liteを単体で利用する場合と異なり、データ同期を行う場合に固有の考慮事項があります。

ドキュメントサイズ

Couchbase Serverのドキュメントの最大サイズは20MBです。Couchbase Liteには、ドキュメントの最大サイズ制約はありませんが、Couchbase Serverと同期される場合、Couchbase Liteのドキュメントもこの制限に従う必要があります。

ユーザー定義プロパティー

Sync Gatewayには、ドキュメントのプロパティーに使われる予約済みのキーワードが存在します。予約済みのキーワードは、_id、_rev、_sequenceのようにアンダースコア(_)を接頭辞として

2.https://docs.couchbase.com/sync-gateway/current/data-modeling.html

持ちます。先頭にアンダースコアが付いたユーザー定義のプロパティーがドキュメントのトップレベルに含まれる場合、Sync Gatewayによって同期を拒否されます。その場合、次のようなエラーが発生します。

```
"{"error":"Bad Request","reason":"user defined top level properties beginning
 with '_' are not allowed in document body"}"
```

　Couchbase Liteは、このようなプロパティー名の使用を明示的にエラーとはしません。これは、ドキュメントをCouchbase Serverと同期せずにローカルのみで使用する場合には制約とならないためです。Couchbase Serverとの同期を行う場合は、Couchbase Liteでアンダースコア文字から始まるプロパティー名を使用することを避ける必要があります。

　このルールは、共有バケットアクセスが有効になっている場合には、Couchbase Liteデータベースのみではなく、Couchbase ServerデータベースとCouchbase Serverクライアントアプリケーションの設計にも適用される必要があります。

　このように、Sync Gatewayは内部管理情報をドキュメントやその拡張属性(XATTR)に保持します。ドキュメントの同期のために使用されるこうしたメタデータはSync Gatewayによって内部的に管理されており、その構造は予告なく変更され得ます。Sync Gatewayのメタデータの内容をアプリケーションロジックのために、使用することはできません。

添付ファイル

　Couchbase Liteの添付ファイルは、Couchbase Serverに同期される際に、添付先ドキュメントと同じバケットに別のドキュメントとして保存されます。同じ添付ファイルが複数のドキュメントで共有されている場合、添付ファイルのひとつのインスタンスのみが保存されます。

　Couchbase Serverとのレプリケーションを利用する場合、以下に留意する必要があります。

・添付ファイルのサイズは、ドキュメントの最大サイズである20MB以内である必要があります。
・Couchbase Liteでは、ドキュメントに関連付けることができる添付ファイルの数に固定の上限はありません。ただし、添付ファイルの属性情報がドキュメントに保存されるため、添付ファイルの数は、ドキュメントとして保存可能なサイズの上限によって、実際上制限されます。

　なお、添付先ドキュメントが更新されていても、添付ファイル自体に変更がない場合には、添付ファイルは同期の対象とされません。

リビジョン

　リビジョンの情報は、ドキュメント内部に格納されます。
　Sync Gatewayでは、revs_limit設定によって、保持されるリビジョンの数を変更することができます。Sync Gatewayのrevs_limitのデフォルト値は1000であり、許容される最小値は20となっています。

なお、Couchbase Liteでは、最大20のリビジョンを保持します。最大値を変更することはできません。

17.3　性能設計

クラスター

Sync Gatewayは、複数のSync Gatewayノードからなるクラスターとして構成することによって、水平方向にスケーリングすることが可能です。

単一のSync Gatewayノードがサポート可能な同時ユーザー接続数は、そのノードが利用することのできるハードウェアリソースによって決まります。そのため、垂直方向のスケーリングには、自ずから限界が存在します。

垂直方向のスケーリング(スケールアップ)と、水平方向のスケーリング(スケールアウト)のそれぞれの特色に応じて、クラスターの構成を検討することが重要です。

ノード/サーバー

Sync Gatewayの設計仕様との関係におけるノード/サーバーレベルの性能設計に影響する論点を以下に整理します。

・Sync Gatewayは、ブートストラップ構成ファイル以外のローカル状態を保持しないため、ディスクの性能や容量については考慮する必要がありません。
・Sync Gatewayは、RAMにチャネルとリビジョンのメタデータキャッシュを維持します。そのためRAMのサイズについて考慮する必要があります。
・Sync Gatewayは、マルチプロセッシング用に設計されており、軽量スレッドと非同期I/Oを使用します。そのため、Sync Gatewayは、CPUコア数に応じてパフォーマンスを上げることができます。
・Sync Gatewayでは、すべての書き込み操作はSync関数によって処理され、読み取りアクセス権を持つ他のクライアントへの通知をトリガーします。そのため、書き込み操作は読み取り操作よりもシステムに大きな負荷をかけます。
・継続的レプリケーションを実行している各クライアントは、オープンソケットを維持します。これらのソケットはほとんどの時間アイドル状態であるため、オープンソケットの数について留意する必要があります。OSレベルチューニングを検討する場面がありえます(後の部分で解説します)。
・Sync GatewayはRAM利用に最適化されているため、Linuxのswappiness値を0に変更することでパフォーマンスを向上させることができます。これにより、少なくとも性能が劣化することはありません。詳しくはドキュメント(Swap Space and Kernel Swappiness[3])を参照ください。

3.https://docs.couchbase.com/server/current/install/install-swap-space.html

17.4　OSレベルチューニング

　Sync GatewayをデプロイするにあたってのOSレベルチューニング(OS Level Tuning[5])について解説します。

ファイルディスクリプタ設定

　Sync Gatewayプロセスが使用可能なファイルディスクリプタ[6]の最大数を増やすことは、Sync Gatewayがオープンすることができるソケットの最大数、つまりSync Gatewayが同時にサポートできるクライアントの最大数に直接影響します。これには、OSのパラメーターを調整する必要があります。

　ここでは具体的な内容については説明しませんが、OSのファイルディスクリプター制限の操作(Operating System File Descriptor Limits[7])について、Sync Gatewayドキュメントで解説されています。Sync Gatewayをサービスとして管理している場合には、サービスのファイルディスクリプタ制限(Service File Descriptor Limits[8])を変更します。サービスを利用せずにSync Gatewayを運用している場合には、プロセスのファイルディスクリプタ制限(Process File Descriptor Limits[9])を変更します。

　OSの設定にあわせて、Sync Gateway構成上のファイルディスクリプタ制限(Sync Gateway File Descriptor Limits[10])を構成します。

TCPキープアライブ設定

　Sync Gatewayで使用可能なファイルディスクリプタの最大数を増やしても、「too many open files」というエラーが発生する場合があります。この場合、TCPキープアライブ設定を調整する必要があります。

5.https://docs.couchbase.com/sync-gateway/current/os-level-tuning.html

6.https://en.wikipedia.org/wiki/File_descriptor

7.https://docs.couchbase.com/sync-gateway/current/os-level-tuning.html#operating-system-file-descriptor-limits

8.https://docs.couchbase.com/sync-gateway/current/os-level-tuning.html#service-file-descriptor-limits

9.https://docs.couchbase.com/sync-gateway/current/os-level-tuning.html#process-file-descriptor-limits

10.https://docs.couchbase.com/sync-gateway/current/os-level-tuning.html#sync-gateway-file-descriptor-limits

モバイルアプリケーション利用時においては、クライアントが接続を閉じることなく、ネットワークから突然切断される場合がありえます。これらの接続はSync Gatewayによって、デフォルトでは約7200秒(2時間)後にクリーンアップされますが、このような状態が蓄積されることにより、「too many open files」というエラーの発生に繋がります。

　エラーが発生した場合に、次のコマンドを使用して、Sync Gatewayとの間に確立された接続の数を数えることができます。

```
$ lsof -p <Sync GatewayのプロセスID> | grep -i established | wc -l
```

　上記の方法で確認した値がファイルディスクリプタの最大制限付近である場合、TCPキープアライブパラメータを調整して、デッドピアがソケットを開いたままにする時間を短縮することが考えられます。

　ただし、TCPキープアライブ設定を用いた調整には欠点がないわけではなく、TCP/IPスタックが頻繁にキープアライブパケットを送信するため、システム全体のネットワークトラフィックの量が増加することに注意が必要です。

　CentOSでのTCPキープアライブ設定手順について、Sync Gatewayドキュメント[11]で解説されています。

11.https://docs.couchbase.com/sync-gateway/current/os-level-tuning.html#_linux_instructions_centos_1

第18章　Sync Gatewayシステム連携

18.1　ロードバランサー/リバースプロキシ

概要

　Sync Gateway と Couchbase Server は、それぞれのアーキテクチャー上の役割に応じた異なる
ネットワーク環境にデプロイされることが想定されます。これは、論理的に以下のように説明する
ことができます。Sync Gateway は、エンドユーザーが利用するモバイルアプリからのリクエストを
受け付けるという役割上、インターネットからのアクセスを受け付けるアプリケーション層に配置
されます。Couchbase Server は、インターネットから直接アクセスされる必要がないデータベース
層に配置されます。一方、Sync Gateway と Couchbase Server 間のコミュニケーションにおいて最
適なパフォーマンスを実現するには、それらを互いに近接させておくことも重要になります。

　Couchbase Server は、分散アーキテクチャーを備えた NoSQL データベースとしてそれ自体冗長
性を備えています。Sync Gateway では、複数ノードからなるクラスター構成を実現する場合には、
クライアントからのアクセスを仲介するロードバランサー(Load Balancer[1])を用います。

　また、リバースプロキシを用いて、Sync Gateway と Couchbase Lite アプリケーションとの接続
を仲介するケースもあります。

ロードバランサー/リバースプロキシ利用の利点

　ロードバランサー/リバースプロキシ利用の利点を以下に整理します。

- クライアントからのリクエスト負荷を複数の Sync Gateway ノードに分散します。
- インターネットに公開されているサービスから、Sync Gateway サーバーを隠すことによって保
  護します。
- アプリケーションファイアウォール機能によって、一般的な Web ベースの攻撃から保護します。
- Sync Gateway から SSL ターミネーションをオフロードすることによって、多数のモバイルデバ
  イスをサポートする場合のオーバーヘッドを分散します。
- 各着信要求の URL を書き換えます。たとえば、Sync Gateway のパブリック REST API ポートを
  外部公開用のポートにマップします。

　以下では、Sync Gateway でロードバランサー/リバースプロキシを使用する際の考慮点や参照可
能な情報を紹介します。

1.https://docs.couchbase.com/sync-gateway/current/load-balancer.html

WebSocket接続における考慮点

Couchbase LiteはSync Gatewayに対してWebSocket接続を開いたままにするために、デフォルトで300秒(5分)ごとにWebSocket PINGメッセージ(ハートビート)を送信します。

ハートビートを成立させるためには、介在するロードバランサーのキープアライブタイムアウト間隔がハートビート間隔より長い必要があります。そのため、必要に応じてロードバランサーのキープアライブタイムアウト間隔を設定します。または、Couchbase Liteのハートビート間隔を変更することもできます。

NGINX連携

Sync Gatewayのフロントエンドとして、NGINX[2]を利用する方法が、Sync Gatewayのドキュメント[3]で解説されています。

Sync Gatewayとクライアント間の接続を保護するには、トランスポート層セキュリティー(TLS)を使用します。NGINXとSync Gatewayの間の接続で、X.509証明書を用いたTLSを有効化する方法について、ドキュメントで解説されています。

18.2　メトリクスREST APIによるシステム監視

概要

Sync Gatewayは、システム統計情報監視(Stats Monitoring[4])のためのメトリクスREST API(Metrics REST API[5])を提供しています。メトリクスREST APIを用いて、リソース使用率や性能、サービス正常性に関する情報が収集可能です。

メトリクスREST APIは、JSONフォーマットで情報を提供する他、Prometheus[6]との連携に用いることも可能です。Prometeusとの連携についてはドキュメント(Integrate Prometheus[7])を参照ください。また、Couchbase Blog: Monitor Couchbase Sync Gateway with Prometheus and Grafana[8]が公開されています。

メトリクスREST APIが提供する統計情報は、ノードが再起動するたびにリセットされます。つまり、合計値、カウント、平均値はノードが起動された後の状況を反映した値になります。

統計情報カテゴリー

統計情報のカテゴリー構造は、以下のように整理できます。

2.https://www.nginx.co.jp/

3.https://docs.couchbase.com/sync-gateway/current/load-balancer.html#nginx

4.https://docs.couchbase.com/sync-gateway/current/stats-monitoring.html

5.https://docs.couchbase.com/sync-gateway/current/rest-api-metrics.html

6.https://prometheus.io/

7.https://docs.couchbase.com/sync-gateway/current/stats-prometheus.html

8.https://blog.couchbase.com/monitoring-sync-gateway-prometheus-grafana/

図18.1: メトリクス API 統計情報カテゴリー構造

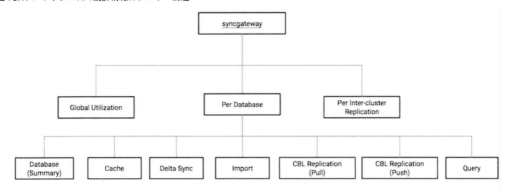

(図は、Couchbase Blog: Monitor Couchbase Sync Gateway with Prometheus and Grafana[9] より引用)

統計情報スキーマの詳細はドキュメント[10]を参照ください。

エンドポイント

メトリクス REST API には、以下のようなふたつのエンドポイントがあり、JSON または Prometheus 形式のいずれかのレポートフォーマットでデータを受け取ることができます。

- _expvars: JSON フォーマット
- _metrics: Prometheus フォーマット

メトリクス REST API のデフォルトのポート番号は4986です。
以下は、_expvar エンドポイントに対してリクエストを行う例です。

```
$ curl -X GET "http://localhost:4986/_expvar" -H "accept: application/json" \
  -H 'authorization: Basic QWRtaW5pc3RyYXRvcjpwYXNzd29yZA=='
```

API エクスプローラー

メトリクス REST API について、以下のような API エクスプローラー[11]が公開されています。API エクスプローラーは、すべてのエンドポイントを機能別にグループ化しています。ラベルをクリックすると展開され、それぞれのエンドポイントに関する詳細を確認できます。

9.https://blog.couchbase.com/monitoring-sync-gateway-prometheus-grafana/

10.https://docs.couchbase.com/sync-gateway/current/stats-monitoring.html#sync-gateway-stats-schema

11.https://docs.couchbase.com/sync-gateway/current/rest-api-metrics.html#api-explorer

図18.2: メトリクスREST APIエクスプローラー

Schemes

| HTTP | ∨ |

Prometheus

| **GET** | **/_metrics** Debugging/monitoring runtime stats in Prometheus format |

Standard Output

| **GET** | **/_expvar** Debugging/monitoring at runtime |

| Models |

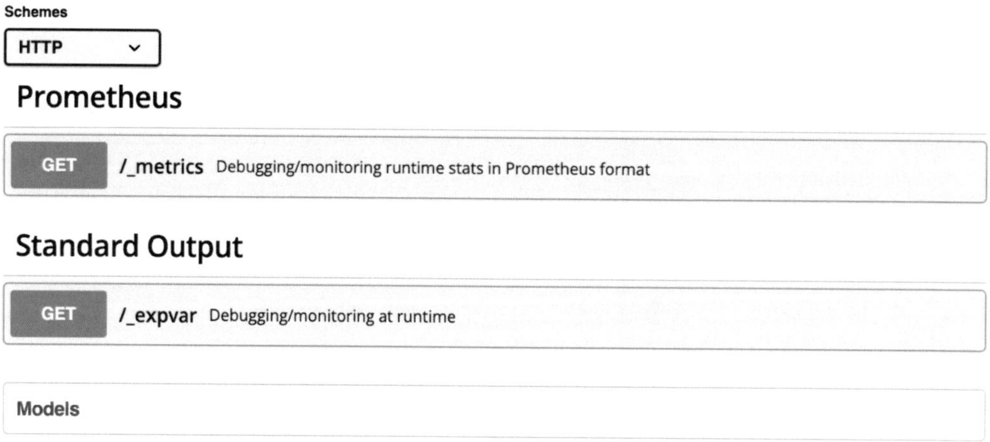

18.3　パブリックREST APIによるアプリケーション連携

概要

　Sync Gatewayは、Couchbase Serverデータベースに対するドキュメント操作などの機能を提供する、パブリックREST APIを持ちます。このパブリックREST APIを、他のアプリケーションとの連携の目的で利用することができます。

　パブリックREST APIの利用はアプリケーションの要件次第であり、Couchbase Lite と Couchbase Serverの同期のためだけに、Sync Gatewayを利用するためには必ずしも必要ありません。

　パブリックREST APIのデフォルトのポート番号は4984です。

　パブリックREST APIを利用する場合の留意事項、その他詳細はドキュメント[12]を参照ください。

APIエクスプローラー

　パブリックREST APIについても、以下のようなAPIエクスプローラー[13]が公開されています。

12.https://docs.couchbase.com/sync-gateway/current/rest-api.html

13.https://docs.couchbase.com/sync-gateway/current/rest-api.html#api-explorer

Schemes

HTTP ⌄

Authorize

attachment

GET	/{db}/{doc}/{attachment}	Get attachment

PUT	/{db}/{doc}/{attachment}	Add or update attachment

auth

database

default

document

server

session

Models

第19章　Sync Gateway運用

19.1　オフライン/オンライン制御

Sync Gatewayが接続しているCouchbase Serverデータベース(以下、データベース)のオフライン/オンライン制御(Take Database Offline/Online[1])について解説します。

概要

Sync Gatewayでは、Sync Gatewayインスタンスを停止することなく、クライアントからのデータベースへのアクセスをオフラインにしたり、その後再度オンラインに戻したりすることができます。このオンライン/オフライン制御は、管理REST APIの機能として提供されます。

データベースをオフラインにすることによって、Sync Gatewayはクライアントからのそのデータベースに関するリクエストを受け付けなくなりますが、Sync Gatewayとデータベース間の接続が失われる訳ではありません。

反対に、Sync Gatewayがデータベースに接続できなくなった場合には、Sync Gatewayはそのデータベースを自動的にオフラインにします。この場合、データベースとSync Gatewayとの間に発生した問題を修正した後、Sync Gatewayを再起動することなく、REST APIコールにより、そのデータベースとの接続をオンラインにすることができます。

デフォルトではSync Gatewayが起動すると、データベース構成プロパティーに従って、Sync Gatewayとデータベースとの接続がオンラインになります。Sync Gatewayの起動時にデータベースをオフラインにしておきたい場合は、offline構成プロパティーをデータベース構成プロパティーに追加します。

なお、データベースのオンラインまたはオフラインのステータス変更は、ステータス変更リクエスト先の特定のSync Gatewayノードでのみ発生します。Sync Gatewayクラスターの他のノードには反映されません。

ユースケース

このようなオフライン/オンライン制御機能が提供されている理由のひとつとして、Sync Gatewayでは複数のデータベース用に構成することができるため、それぞれのデータベースの運用を個別に行う手段が提供されているといえます。

あるいは、Sync Gatewayがただひとつのデータベース用に構成されている場合に、クライアントに対してはオフラインにしておきながら、Sync Gatewayとデータベースの接続を維持しておく、Sync Gateway特有の理由として、再同期があります。この再同期については、後に説明します。

1.https://docs.couchbase.com/sync-gateway/3.0/database-offline.html

エンドポイント

管理REST APIは、オンライン/オフライン制御用の以下のエンドポイントを提供しています。

- /{db}/_offset: データベースをオフラインにする。
- /{db}/_online: データベースをオンラインにする。

起動時設定

19.2 再同期

概要

　Sync GatewayのSync関数は、ドキュメントのユーザーへのルーティング及び、アクセス制御設定に関係しています。アプリケーションの仕様変更等に伴い、Sync関数を変更する場合、既存のドキュメントに対して変更後のSync関数を実行し、仕様変更後のルーティングやアクセス制御設定を適用する必要が生じる場合があります。このように、通常のドキュメント更新のタイミングではなく、既存のドキュメント全体に対してSync関数を実行することを、**再同期**(Resync[2])と呼びます。再同期を実行するには、データベースをオフラインにする必要があります。

エンドポイント

　管理REST APIは、再同期用のエンドポイント/{db}/resyncを提供しています。このエンドポイントは、データベース内のすべてのドキュメントに対するSync関数の適用をトリガーします。このエンドポイントの応答メッセージには、再同期を実行した結果として行われた変更の数が含まれます。

再同期の要否

　Sync関数定義への変更が、ドキュメント更新時における検証ロジックに関するもののみであり、ルーティングやアクセス権限設定には影響しない場合、再同期操作を実行する必要はありません。

　なお先述の通り、再同期操作は管理REST APIコールとして行われるため、Sync関数の実行コンテキストはadminユーザーになります。そのため、Sync関数内で書き込み操作を制御するために、requireUser、requireAccess およびrequireRoleといったSync関数APIを使用している場合、APIコールは常に成功します。

　また、Sync関数の中でルーティングやアクセス権限設定を変更している場合であっても、Sync関数の変更以降に作成されたドキュメントに関してのみそれらのルールを適用したい場合は、当然ながら再同期操作を実行する必要はありません。

2.https://docs.couchbase.com/sync-gateway/current/resync.html

アクセス権削除における留意点

Sync関数を変更してユーザーのドキュメントへのアクセスを取り消す場合、新しい設定は、そのドキュメントの新しいリビジョンがSync Gatewayに保存されたときにのみ有効になります。再同期操作を実行しても、ドキュメントの現在のリビジョンへのアクセスは取り消されません。

クラスター構成における留意点

複数のSync Gatewayノードからなるクラスター環境では、再同期の実行はひとつのノードでのみ行います。

再同期の前後で、Sync関数の更新に伴う変更が、全てのノードで一貫性が保たれている必要があります。再同期を実行するには、データベースをオフラインにする必要がありますが、クラスター環境では、全てのノードでデータベースをオフラインにする必要があることに注意が必要です。この際、特に支障がなければ、他の全てのノードのSync Gatewayプロセスを停止することも考えられます。

データベースの再同期が完了した後、必要に応じ他のノードのプロセスを開始し、全てのノードでデータベースをオンラインにします。

影響とワークアラウンド

再同期を実行するには、データベースをオフラインにする必要があるため、アプリケーションのダウンタイムが発生します。

再同期は、データベース内のすべてのドキュメントを処理する必要があるため、リソースコストが高く、ドキュメント数に応じて時間を要する操作になります。

再同期中に、可能な範囲でサービスの提供を維持するためのワークアラウンドとして、事前にデータベース(バケット)の読み取り専用コピーを作成してから、そのバケットとセカンダリーSync Gatewayを使って読み取りのみのサービスを提供することが考えられます。そして、再同期が完了したら、プライマリーのSync Gatewayに切り替えます。

第20章　Sync Gatewayロギング

　Sync Gatewayのロギング(Logging[1])について解説します。Sync Gatewayのログ出力先には、ファイルとコンソールのふたつがあります。

20.1　ログファイル

　ファイルベースのロギングでは、ログは、ログレベルでフィルタリングされた個別のログファイルに書き込まれます。

ログファイルの種類

　ログファイルの種類には次のものがあります。:ERROR,WARN,INFO,DEBUG

　DEBUGログはデフォルトで無効になっています。

ファイルローテーション

　logging.console.rotationプロパティーを使用してログのローテーションを構成します。
　ログファイルは、max_sizeに指定したサイズを超えるとローテーションされます。ローテーションされたファイルは、ディスク使用量を減らすために圧縮されます。
　ログの更新日付がmax_ageに指定した日数を超えると、そのログはクリーンアップされます。max_ageのデフォルト値と最小値は、ログの種類(ERROR,WARN,INFO,DEBUG)によって異なります。

20.2　コンソールログ

利点

　コンソールログ設定は、ファイルへのログ出力とは独立しているため、基本的なログを損なうことなく、次の点を調整できます。

- ログレベルを使用して詳細度を上げ、追加の診断情報を生成します
- 特定のログキーを有効または無効にして、調査中の領域に焦点を合わせます
- ログレベルに基づいてログ出力の色を設定することにより、読みやすさを向上させることもでききます。

1.https://docs.couchbase.com/sync-gateway/current/logging.html

ログレベル

コンソールログに出力する情報の重要度を制御するために、ログレベルが提供されています。
ログレベルには、次の6つのレベルがあります。:none,error,warn,info,debug,trace

ログキー

コンソールログに出力する情報の種類を制御するために、ログキーが提供されています。デフォルトでは、HTTP関連情報のみが有効になっていますが、特定の診断ニーズを満たすために、他のさまざまなキーを使用できます。

ログキーには、次の種類があります。:*,none,Admin,Access,Auth,Bucket,Cache,Changes,CRUD,DCP,
Events,gocb,HTTP,HTTP+,Import,Javascript,Migrate,Query,Replicate,SGCluster,Sync,SyncMsg,
WS,WSFrame

各ログキーの意味については、ドキュメント(Log Keys[2])を参照ください。

20.3　ロギング構成方法

Sync Gatewayでは、ブートストラップ構成や、管理REST APIを使ってロギングを構成します。

ブートストラップ構成

ロギングは、ノードレベルのプロパティーとして、ブートストラップ構成にて管理されます。
以下は、ログに関する構成箇所の例です。

```
{
  "logging": {
    "log_file_path": "/var/tmp/sglogs",
    "redaction_level": "partial",
    "console": {
      "log_level": "debug",
      "log_keys": ["*"]
      },
    "error": {
      "enabled": true,
      "rotation": {
        "max_size": 20,
        "max_age": 180
        }
      },
```

2.https://docs.couchbase.com/sync-gateway/current/logging.html#lbl-log-keys

```
    "warn": {
      "enabled": true,
      "rotation": {
        "max_size": 20,
        "max_age": 90
        }
      },
    "info": {
      "enabled": false
    },
    "debug": {
      "enabled": false
    }
  }
}
```

　ブートストラップ構成ファイルを作成する際には、Sync Gatewayインストール時に提供される
各種サンプル構成ファイルを参照することができます。

　ブートストラップ構成ファイルのプロパティーの詳細については、ドキュメント(Bootstrap
Configuration[3])を参照ください。

管理REST API

　ロギング設定を、管理REST APIを使って動的に変更することも可能です。ただし、管理REST
APIによるロギングプロパティーへの変更は再起動後は引き継がれません。

　詳細はドキュメント[4]を参照ください。

3.https://docs.couchbase.com/sync-gateway/current/configuration-schema-bootstrap.html

4.https://docs.couchbase.com/sync-gateway/current/logging.html#lbl-log-api

第21章 Couchbase Serverクライアントとの共存

21.1 概要

Couchbase Serverを、単にCouchbase Mobileによるモバイル/エッジコンピューティングデータプラットフォームのバックエンドデータベースとして利用するだけでなく、同時に、Webアプリケーションのような他のシステムのデータベースとしても利用し、共通のデータに基づくサービスをユーザーに提供することは珍しくありません。

Sync Gatewayは、Couchbase Serverを単体で利用している場合には存在しない、Couchbase Liteとの同期のためのデータを、Couchbase Serverのバケットに保持します。Couchbase Liteと同期されるドキュメントには、ユーザーが定義したドキュメントプロパティー以外の、同期のためのプロパティー/拡張属性が存在します。そのため、Couchbase Serverクライアント(Couchbase Server SDKを利用するアプリケーション)が、Couchbase Serverに保存したドキュメントを、Sync Gatewayを介してCouchbase Liteと同期するためには、これらのプロパティー/拡張属性のための追加的な措置が必要になります。

また、必ずしもCouchbase Serverクライアントアプリケーションが扱うデータの全てをCouchbase Liteと同期する必要があるとは限らないため、同期の範囲を定める必要も生じます。

ここでは、Couchbase Mobileクライアントに対してだけではなく、Couchbase Serverクライアントに対してもホストしているCouchbase Serverと同期するケース(Sync with Couchbase Server[1])について解説します。

21.2 共有バケットアクセス

Couchbase Liteアプリケーションと、Couchbase Serverクライアントが同じバケットに対して読み取りと書き込みを行えるようにする仕組みを**共有バケットアクセス**と呼びます。

Sync Gateway構成プロパティーenable_shared_bucket_accessの設定により、共有バケットアクセスを有効化します。

以下に、設定例を示します。

```
$ curl -vX  PUT "http://localhost:4985/mybucket/_config" \
  -H 'authorization: Basic QWRtaW5pc3RyYXRvcjpwYXNzd29yZA==' \
  -H 'Content-Type: application/json'  -H "accept: application/json" \
  -d '{ "enable_shared_bucket_access" : true, "import_docs": true }'
```

1.https://docs.couchbase.com/sync-gateway/current/sync-with-couchbase-server.html

21.3 インポート処理

Sync Gatewayが、Couchbase Serverクライアントにより行われたデータの登録・変更を認識し、そのデータをCouchbase Liteと同期するために必要とされるメタデータを設定する処理は、**インポート処理**(Import Processing)と呼ばれます。

構成

Sync Gatewayを複数ノードからなるクラスターとして構成する場合、ノードをインポート処理に参加させるかどうかを選択することができます。

ノードがインポート処理に参加することを指定するためにimport_docsプロパティーが使用されます。なお、enabled_shared_bucket_accessがtrueに設定されている場合にのみimport_docsが有効になります。

インポート処理においても、ドキュメントに対してSync関数が適用されますが、通常のSync関数の適用とは次の違いがあります。

・インポートは、管理REST APIを介して行われる変更と同様に、管理者ユーザーのコンテキストで処理されます。そのため、Sync関数内でrequireAccess、requireUserおよびrequireRoleが利用されている場合、それらは、通常のユーザーコンテキストのようには評価されず、常に成功します。
・Sync関数の引数oldDocはnullになります。

インポートフィルター

大量のデータを含むクラスターの場合、最初のインポートプロセスが完了するまでに相当の時間がかかることがあります。インポートフィルター(Import Filter[2])を使用することにより、このプロセスを効率化することができます。インポートフィルターを利用すると、特定のドキュメントのみをインポート対象(Couchbase Liteとの同期対象)とすることができます。

インポートフィルターは、次のような目的で使うことが考えられます。

・ドキュメントの種類に応じて、モバイルでの利用の必要有無を反映させる。
・ドキュメントの作成年月日に応じて、モバイルでの利用の必要有無を反映させる。
・アプリケーションが設定するフラグによって、インポート処理実行の必要性を反映させる。

インポートフィルターは、以下のようなJavaScript関数として定義します。この例では、「type」プロパティーが、「mobile」に等しいとドキュメントのみをインポートします。

2.https://docs.couchbase.com/sync-gateway/current/import-filter.html

```
function(doc) {
    if (doc.type != "mobile") {
        return false;
    }
    return true;
}
```

インポートフィルターの設定には、以下のように管理REST APIを利用します。import_filter
プロパティーを使用してフィルター関数を指定します。

```
$ curl -X PUT "http://localhost:4985/mybucket/_config/import_filter" \
  -H "accept: application/json" \
  -H "Content-Type: application/javascript" \
  -H 'authorization: Basic QWRtaW5pc3RyYXRvcjpwYXNzd29yZA==' \
  -d 'function(doc) { if (doc.type != "mobile") { return false; } return true;
}'
```

---

import_docs デフォルト設定

コミュニティーエディションでは、import_docs プロパティーのデフォルトは false です。ノードをインポート処理に参加させるには、明示的に true に設定する必要があります。

エンタープライズエディションでは、import_docs のデフォルトは true であり、クラスタ内のすべてのノードがインポート処理に参加することを意味します。ノードをインポート処理から除外するには、import_docs プロパティーを false に設定します。

詳細は、ドキュメント[3]を参照してください。

3.https://docs.couchbase.com/sync-gateway/current/sync-with-couchbase-server.html#configuration

---

ワークロード分離

ノードをインポート処理専用に構成し、クライアントからのリクエストを処理するノードから分離することができます。

import_docs が false に設定されている場合、そのノードはインポートプロセスに参加しません。

この構成は、ワークロードの分離に寄与します。高い書き込みスループットが想定される場合、ワークロードの分離が望ましい場合があります。

次の図は、クライアント接続を処理するふたつのSync Gatewayノードとインポート処理専用のふたつのノードからなるクラスター構成を示しています。

図21.1: Sync Gateway ワークロード分離アーキテクチャー例

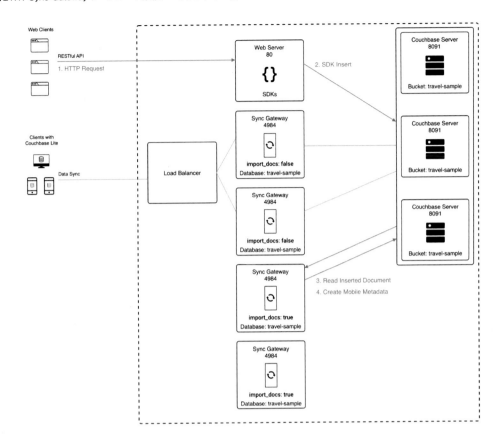

(図は、Couchbase ドキュメント Sync with Couchbase Server より引用)

エディションによるインポート処理の高可用性対応の違い

　Sync Gateway コミュニティーエディションには、インポート処理をノード間で分散する機能が存在しません。高可用性のためにはスタンバイノードを用いて、外部的に制御する必要があります。

　Sync Gateway エンタープライズエディションでは、インポート処理作業は、インポート処理を有効に設定されたすべての Sync Gateway ノードにわたって分散されます。これによって、インポート処理の高可用性が実現されます。

21.4　留意事項

トゥームストーンリビジョン

　ドキュメントの削除に対応するリビジョンは、トゥームストーン(墓石)リビジョンと呼ばれます。バケット共有を有効にする場合、トゥームストーンリビジョンの存在に注意する必要があります。

　トゥームストーンリビジョンは、Couchbase Server のメタデータページ間隔に基づいてパージされ

ます。トゥームストーンリビジョンがCouchbase Liteに同期される前にパージされると、Couchbase Liteからドキュメントが削除されるタイミングを失うことになります。

　トゥームストーンリビジョンが確実に同期されるようにするには、レプリケーション頻度に基づいてCouchbase Serverのメタデータパージ間隔を設定する必要があります。

　詳細は、ドキュメント[4]を参照ください。

添付ファイル操作

　Couchbase Liteでは、バイナリデータをドキュメントの添付ファイルとして扱うことができます。添付ファイルはCouchbase Lite独自のコンセプトであり、Couchbase Serverには、ドキュメントの添付ファイルという概念は存在しません。

　Couchbase Serverでは、バイナリデータをドキュメントとして保存することができます。Couchbase Mobileは、この機能を利用して、Couchbase Liteの添付ファイル付きドキュメントとCouchbase Serverとの同期を行っています。

　Sync Gatewayでは、添付ファイルを操作するパブリックREST APIが提供されています。この機能を利用して、Couchbase Liteの添付ファイル付きドキュメントによって実現されているモバイルアプリ上の機能と同等の操作を、Webアプリケーション等の他のプラットフォームに対して提供することが可能になっています。Couchbase Blog: Handle Binary Data Attachments & Blobs with Couchbase Mobile[5]で実際的な利用例を参照することができます。

4.https://docs.couchbase.com/sync-gateway/current/managing-tombstones.html

5.https://blog.couchbase.com/store-sync-binary-data-attachments-blobs-couchbase-mobile

第22章 Couchbase Liteレプリケーション

　本書の前半のCouchbase Lite に関する章では、Coucbase Lite を純粋に組み込みデータベースとして利用するための情報を提供しました。ここでは、Sync Gateway を用いたデータ同期(Data Sync using Sync Gateway[1])を行うケースにおける、Couchbase Lite の機能について解説します。

22.1　レプリケーター

概要

　Couchbase Lite において、レプリケーションを司るモジュールは**レプリケーター**と呼ばれます。
　レプリケーター(クライアント)はSync Gateway(サーバー)に接続し、ローカルデータベース(Couchbase Lite)とリモートデータベース(Couchbase Server)の同期を実行します。

起動と停止

　次のコードは、レプリケーターを開始するまでの基本的なプロセスを示しています。

```
// ローカルDBと、リモートDBのエンドポイントを指定
final ReplicatorConfiguration config = new ReplicatorConfiguration(database, new
URLEndpoint(new URI("wss://10.0.2.2:4984/travel-sample")));

// レプリケーションのタイプを指定
config.setType(ReplicatorType.PUSH_AND_PULL);


// ベーシック認証情報を指定
final BasicAuthenticator auth = new BasicAuthenticator("Username",
"Password".toCharArray());

config.setAuthenticator(auth);


// レプリケーター作成
final Replicator replicator = new Replicator(config);

// レプリケーター開始
```

1.https://docs.couchbase.com/couchbase-lite/current/android/replication.html

```
replicator.start();
```

以下は、レプリケーターを停止するコードです。

```
replicator.stop();
```

なお、一般的なネットワークI/Oプログラミング同様、レプリケーターの実行は通常バックグラウンドで行われます。

接続先構成

ReplicatorConfigurationコンストラクターは、以下の引数をとります。

・同期するローカルデータベース
・Sync Gateway 接続エンドポイント

```
final ReplicatorConfiguration config = new ReplicatorConfiguration(database, new
URLEndpoint(new URI("wss://10.0.2.2:4984/travel-sample")));
```

エンドポイントには、WebSocketスキーム、wss:プレフィックスを使用します。
暗号化されていないクリアテキストのネットワークトラフィック(ws:)を使用するには android:usesCleartextTraffic="true"をマニフェスト要素に含めます。詳細は、Androidのドキュメント[2]を参照ください。これは本番環境での利用は推奨されません。

クライアント認証

Sync Gatewayでクライアント認証を行う方法として、**ベーシック認証**と**セッション認証**を用いることができます。
ベーシック認証では、BasicAuthenticatorクラスを用いてユーザー名とパスワードを指定します。レプリケーターは最初のリクエストでクレデンシャル情報を送信してSync Gatewayからセッションクッキーを取得し、後続のすべてのリクエストに使用します。
次の例は、ユーザー名とパスワードを指定して、レプリケーションを開始する方法を示しています。

```
final BasicAuthenticator auth = new BasicAuthenticator("Username",
"Password".toCharArray());
config.setAuthenticator(auth);
```

Sync Gatewayで認証するための、もうひとつの方法は、**セッション認証**です。セッション認証

2.https://developer.android.com/training/articles/security-config#CleartextTrafficPermitted

では、パブリックREST APIの/{db}/_sessionエンドポイントを介して、ユーザーセッションを作成します。このAPIからの応答には、セッションIDが含まれます。

セッション認証は、Sync Gatewayでカスタム認証を行う場合に用いることができます。

次の例は、あらかじめREST APIエンドポイントから取得したセッションIDを使用してレプリケーションを開始する方法を示しています。

```
config.setAuthenticator(new SessionAuthenticator("904ac010862f37c8dd99015a33ab5a
3565fd8447"));
```

クライアント認証(Client Authentication[3])に関する詳細は、ドキュメントを参照ください。

サーバー認証

Couchbase Lite と Sync Gateway 間の通信においては、基本的には、信頼できるCAによって署名されたルートを持つ証明書チェーンのみが許可されており、自己署名証明書は許可されていません。

サーバー認証(Server Authentication[4])に関する詳細は、ドキュメントを参照ください。

エディションによる自己署名証明書の扱いの違い

エンタープライズエディションのReplicatorConfigurationクラスには、setAcceptOnlySelfSignedServerCertificateメソッドが存在し、自己署名された証明書のみを受け入れるようにレプリケーターを設定することができますが、このメソッドは、コミュニティーエディションのReplicatorConfigurationクラスでは、利用できません。

証明書ピン留め

証明書ピン留め(Certificate Pinning)とは、サーバーの公開鍵を、アプリケーションに事前に配置する(ピン留めする)ことを指します。これによりアプリケーションは、この公開鍵によって信頼されたサーバーとのみ通信を行います。証明書ピン留めは、中間者(Man-in-the-middle/MITM)攻撃の防止に役立つとされています。

Couchbase Liteは、証明書のピン留めに対応しています。詳細はドキュメント[5]を参照ください。また、Couchbase Blog: Certificate Pinning in Android with Couchbase Mobile[6]を参照することもできます。

3.https://docs.couchbase.com/couchbase-lite/current/android/replication.html#lbl-client-auth

4.https://docs.couchbase.com/couchbase-lite/current/android/replication.html#lbl-svr-auth

5.https://docs.couchbase.com/couchbase-lite/current/android/replication.html#lbl-cert-pinning

6.https://blog.couchbase.com/certificate-pinning-android-with-couchbase-mobile/

レプリケーション構成

レプリケーターの種類には、PUSH、PULL、PUSH_AND_PULL の三種類があります。

次の例では、レプリケータータイプを PUSH 専用に設定しています。

```
config.setType(ReplicatorType.PUSH);
```

また、レプリケーターの挙動には、その時点で生じている全ての差分の同期が完了した後に Sync Gateway との接続を終了する**ワンショットレプリケーション**と、一旦すべての差分の同期が完了した後も継続して、以降のレプリケーションのために Sync Gateway との接続を続ける**継続的レプリケーション**とがあります。

次の例では、継続的レプリケーションに設定しています。

```
config.setContinuous(true);
```

チャネル指定

レプリケーターは、通常ユーザーがアクセスできるチャネルに関連づけられた全てのドキュメントをプルします。

レプリケーター構成に、チャネル名のリストを指定することもできます。この場合、レプリケーターはそれらのチャネルでタグ付けされたドキュメントのみをプルします。

```
String[] channels = {"channel1", "channel2", "channel3"};
List<String> channelList = Arrays.asList(channels);
config.setChannels(channelList);
```

カスタムヘッダー設定

Sync Gateway へのリクエストに対してカスタムヘッダーを設定できます。レプリケーターはすべてのリクエストで設定されたヘッダーを送信します。

この機能は、Couchbase Lite と Sync Gateway の間にあるプロキシサーバーによって認証・承認ステップが実行されている場合に、追加の資格情報を渡すのに利用することができます。

以下は、カスタムヘッダーを設定する例です。

```
Map<String, String> headers = new HashMap<>();
headers.put("CustomHeaderName", "Value");
config.setHeaders(headers);
```

チェックポイント初期化

レプリケーターは、チェックポイントを使用して、ターゲットデータベースに送信されたドキュメントを追跡します。

この機能は通常の運用において、開発者が意識する必要はありませんが、必要に応じ、レプリケーターを開始するときにチェックポイントリセット引数を指定することができます。

チェックポイントをリセットした場合、Couchbase Lite は、過去のレプリケーションでデータの一部またはすべてが既にレプリケートされている場合でも、データベース全体をレプリケートします。

以下の例では、start メソッドのリセットオプションを true に設定しています。false（デフォルト）は、引数として明示的に指定する必要はありません。

```
if (resetCheckpointRequired) {
  replicator.start(true);
}
```

22.2　レプリケーションフィルター

レプリケーションフィルターという、コールバック関数定義を使用して、プッシュレプリケーションやプルレプリケーションの結果として保存されるドキュメントをコントロールすることができます。

コールバックされる関数は純粋関数のセマンティクスに従う必要があります。そうでなければ、長時間実行される関数によってレプリケーターの速度が大幅に低下します。コールバック関数は、スレッドセーフである必要があります。

プッシュフィルター

プッシュフィルターを使用すると、アプリはデータベースのサブセットをサーバーにプッシュすることができます。これはたとえば、優先度の高いドキュメントを最初にプッシュしたり、ドラフト状態のドキュメントをスキップしたりするために用いることができます。

```
config.setPushFilter((document, flags) -> flags.contains(DocumentFlag.DELETED));
```

プルフィルター

　プルフィルターを使用してプルされるドキュメントを検証し、ドキュメントの同期をスキップすることができます。

　プルレプリケーションフィルターと、チャネルによるフィルタリングの違いに注意が必要です。チャネルによるドキュメントのフィルタリングはサーバー上で実行されます。プルレプリケーションフィルターは、ダウンロードされるドキュメントに対して適用されます。

```
config.setPullFilter((document, flags) -> "draft".equals(document.getString("typ
e")));
```

　ドキュメントへのアクセスが失われると、プルレプリケーションフィルターもトリガーされます。このようなイベントでドキュメントの同期をスキップすると、ドキュメントはローカルに保持され続けることになります。その結果、Couchbase Serverにあるドキュメントとは切り離されたドキュメントのローカルコピーが残存することになります。Couchbase Serverに保存されているドキュメントへのそれ以降の更新はプルレプリケーションで受信されず、さらにローカル編集がプッシュされ、アクセスが取り消されているためにエラーが発生する可能性があります。

22.3　モニタリング

　Couchbase Lite は、開発者がニーズに応じて利用することのできる、レプリケーションに関する、モニタリング機能を提供します。

アクティビティーレベル

　レプリケーターのアクティビティーレベルには、以下の種類があります。

- STOPPED: レプリケーションが終了、あるいは致命的なエラーが発生しています。
- OFFLINE: レプリケーターはリモートホストに接続しておらず、オフラインです。
- CONNECTING: レプリケーターがリモートホストに接続中です。
- IDLE:IDLEは継続的レプリケーションの場合に使用されるステータスです。レプリケーションの待機状態を示します。
- BUSY: レプリケーターがアクティブにデータを転送しています。

　以下は、アクティビティーレベルの利用例です。

```
Log.i(TAG, "The Replicator is currently " + replicator.getStatus().getActivityLe
vel());



if (replicator.getStatus().getActivityLevel() == ReplicatorActivityLevel.BUSY) {
```

```
    Log.i(TAG, "Replication Processing");
}
```

レプリケーション進行状況監視

　開発者は、レプリケーターの状態の変更イベントに応じてアクションを実施するために、リスナーを登録することができます。これによって、たとえば、ユーザーに対してレプリケーションの進行状況を通知することができます。

　ReplicatorクラスのaddChangeListener()メソッドを用いて、Replicatorに対して、チェンジリスナーを追加します。これにより、レプリケーターの状態の変化が非同期で通知され、登録したチェンジリスナーのコールバック関数が実行されます。

　Replicatorのstart()メソッドをコールする前に、リスナーを登録することによって、start()メソッドコールによるレプリケーション開始以降の通知を受け取ることができます。

　以下は、アクティビティーレベルと組み合わせて、状態をログ出力する例です。

```
replicator.addChangeListener(new ReplicatorChangeListener() {
    @Override
    public void changed(ReplicatorChange change) {

        if (change.getReplicator().getStatus().getActivityLevel().equals(Replica
torActivityLevel.IDLE)) {

            Log.e("Replication Comp Log", "Schedular Completed");
        }
        if (change.getReplicator().getStatus().getActivityLevel()
            .equals(ReplicatorActivityLevel.STOPPED) || change.getReplicator().g
etStatus().getActivityLevel()
            .equals(ReplicatorActivityLevel.OFFLINE)) {
            Log.e("Rep schedular  Log", "ReplicationTag Stopped");
        }
    }
});
```

　レプリケーションが停止すると、アクティブなチェンジリスナーはすべて停止します。

　リスナーの登録を明示的に解除したい場合には、後でリスナーを削除できるように、トークンを保存します。removeChangeListener(ListenerToken token)を使用してリスナーを削除することができます。以下は、トークンを受け取る例です。

　またここでは、上記例の、ReplicatorChangeListenerを継承する無名クラスの利用に代えて、ラムダ式を利用しています。

この例では、コールバック関数の中で、エラーの発生を確認しエラー内容をログ出力しています。

```
ListenerToken token = replicator.addChangeListener(change -> {
    final CouchbaseLiteException err = change.getStatus().getError();
    if (err != null) {
        Log.i(TAG, "Error code :: " + err.getCode(), err);
    }
});
```

ドキュメント更新監視

　レプリケーターの状態の監視だけではなく、レプリケーション中のドキュメントの更新を監視し、レプリケーションの状況に応じた処理を実装することができます。

　次の例では、ドキュメントの同期状況を監視するリスナーを登録しています。

```
replicator.addDocumentReplicationListener(replication -> {

    // レプリケーションタイプをログ出力
    Log.i(TAG, "Replication type: " + (replication.isPush() ? "Push" : "Pull"));
    for (ReplicatedDocument doc : replication.getDocuments()) {

        // 送受信されたドキュメントのドキュメントIDをログ出力
        Log.i(TAG, "Doc ID: " + doc.getID());

        CouchbaseLiteException err = doc.getError();
        if (err != null) {
            // エラー発生
            Log.e(TAG, "Error replicating document: ", err);
            return;
        }
        // ドキュメント削除のケース
        if (doc.getFlags().contains(DocumentFlag.DELETED)) {
            Log.i(TAG, "Successfully replicated a deleted document");
        }
    }
});
```

　上記の例で使われている列挙型com.couchbase.lite.DocumentFlagには、DELETEDの他に、ACCESS_REMOVEDが定義されています。ユーザーに対してドキュメントへのアクセス権が取り消されると、この通知が送信されます。これは、現在の自動パージ設定に関係なく送信されます。自

動パージが有効な場合、通知の後、そのドキュメントはローカルデータベースからパージされます。

プッシュ保留中ドキュメント監視

　Replicatorには、プッシュ保留中のドキュメントが待機しているかどうかを確認することができるAPIが用意されています。

- getPendingDocumentIds()メソッドは、ローカルで変更されているが、まだサーバーにプッシュされていないドキュメントIDのリストを返します。これは、プッシュ同期の進行状況を追跡したり、アプリがエンドユーザーにステータスを視覚的に示したり、いつ安全に終了できるかを判断したりするのに役立ちます。
- isDocumentPending(docId)メソッドを個々のドキュメントがプッシュを保留しているかどうかを確認するために利用することができます。

　以下に利用例を示します。

```java
final Set<String> pendingDocs = replicator.getPendingDocumentIds();

for (Iterator<String> itr = pendingDocs.iterator(); itr.hasNext(); ) {
    final String docId = itr.next();

    if (replicator.isDocumentPending(docId)) {
        Log.i(TAG, "Doc ID " + docId + " is pending");
    } else {
        Log.i(TAG, "Doc ID " + docId + " is not pending");
    }
}
```

22.4　ネットワークエラー対応

　レプリケーターがネットワークエラーを検出した場合、以下のようにケースに応じて振る舞いが異なります。

恒久的なネットワークエラー

　たとえば、「404 not found」、または「401 unauthorized」のような恒久的なネットワークエラーの場合、レプリケーターはステータスをSTOPPEDに設定します。そして、レプリケーターは即座に停止します。これは、継続的レプリケーションモードであったとしても同様です。

一時的なネットワークエラー

次のエラーコードは、レプリケーターによって一時的なものと見なされます。

- 408: Request Timeout
- 429: Too Many Requests
- 500: Internal Server Error
- 502: Bad Gateway
- 503: Service Unavailable
- 504: Gateway Timeout
- 1001: DNS resolution error

このようなエラーは、回復可能なエラーと見做され、レプリケーターはステータスを OFFLINE に設定した上で、接続を再試行します。

この再施行は、継続的レプリケーションでは無期限に試みられますが、ワンショットレプリケーションでは一定の回数だけ試みられます。

再試行設定

レプリケーターは、回復可能なネットワークエラーに対応するため、ハートビート機能と再試行ロジックを備えています。これによって、復元力のある接続が実現されています。

レプリケーターは、ハートビートを維持することにより、接続が切断される可能性とその影響を最小限に抑えます。ハートビートパルスの間隔は設定可能です。

接続エラーを検出した場合、レプリケーターは再施行を試みます。再施行の回数は設定可能です。

再試行のたびに、試行間の間隔が指数関数的に増加します。個々の再施行の間の間隔はレプリケーターの指数バックオフアルゴリズムによって計算され、最大待機時間設定によって上限が定められます。最大待機時間は設定可能です。

以下に、これらの設定を変更する例を示します。

```
// ハートビートパルス間隔(秒)を設定
config.setHeartbeat(150);
// 最大再試行回数を設定
config.setMaxAttempts(20);
// 再施行最大待機時間(秒)を設定
config.setMaxAttemptWaitTime(600);
```

ハートビートパルス間隔については、ロードバランサーやプロキシを利用している際には、それらのキープアライブ間隔を考慮して設定します。

再試行をしたくない場合は、最大再試行回数をゼロに設定します。ワンショットレプリケーションにおける最大再試行回数のデフォルトは9回です。

最大待機時間とハートビートパルス間隔のデフォルト値は300秒(5分)です。

22.5　ドキュメント自動パージ

概要

Couchbase Lite は、ユーザーがドキュメントへのアクセス権を失った場合、そのドキュメントをローカルデータベースから自動的にパージします。

ユーザーは、以下のケースでチャネルにアクセスできなくなる可能性があります。

・ユーザーから、チャネルへのアクセスが直接的に失われる。

・ユーザーがチャネルにアクセスできるロールから削除される。

・ユーザーが割り当てられているロールがチャネルにアクセスできなくなる。

複数のチャネルに存在するドキュメントは、ユーザーがすべてのチャネルにアクセスできなくなるまで、自動パージされません。

また、ユーザーがドキュメントへのアクセスを回復した場合には、パージされたドキュメントは自動的にプルダウンされます。

自動パージ無効化

自動パージ機能はデフォルトで有効ですが、設定で無効にすることが可能です。

以下は、その設定例です。

```
config.setAutoPurgeEnabled(false);
```

第23章　Couchbase Mobile内部機構

23.1　リビジョン

　リビジョンの概念と運用上の留意点はすでに説明してありますが、ここでは、Couchbase Mobile
内部における、リビジョンの管理方法について解説します。

概要

　Couchbase Mobileは、ドキュメントが作成、更新、または削除されるたびにリビジョン(Revision[1])
を作成します。ドキュメントの削除に対応するリビジョンは、トゥームストーン（墓石）リビジョ
ンと呼ばれます。

　一意のドキュメントIDで識別されるドキュメントは、複数のリビジョンで構成され、各リビジョ
ンには、一意のリビジョンIDが与えられます。

　なお、ドキュメントの添付ファイルは、ドキュメント自体とは別に保存されますが、添付ファイ
ルを変更してもリビジョンは生成されません。

リビジョンツリー

　ドキュメントの変更履歴は、木構造からなるリビジョンツリーとして管理されます。リビジョン
ツリーには、ドキュメントの存続期間を通じて発生した各リビジョンが順番に記録されます。

　ツリーの先端であるリーフノードが、現在のリビジョン（ドキュメントの最新バージョン）です。

　以下に、リビジョンツリーのイメージを示します。

---

[1].https://docs.couchbase.com/sync-gateway/current/revisions.html

図23.1: リビジョンツリー概念図

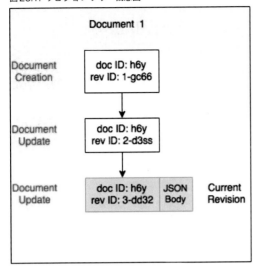
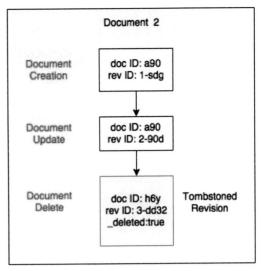

(図は、Couchbase Blog: Introducing the New Data Replication Protocol in Couchbase Mobile 2.0[2] より引用)

プルーニング

リビジョンツリーが再現なく肥大しないよう、不要なリビジョンの削除が行われます。このプロセスは、プルーニング（剪定）といわれます。

リビジョンが追加されるたびに、プルーニングが自動的に実行されます。

たとえば、Sync Gatewayにおけるリビジョン保持数設定(revs_limit)が1000の場合、プルーニングは、最近の1000のリビジョンを保持し、他のリビジョンを削除します。

プルーニングは、Sync Gateway と Couchbase Lite とで、異なる方法で行われます。それぞれのアルゴリズムについて、Couchbase Blog: Managing Database Sizes in Couchbase Mobile and Conflict Resolution[3]にて詳説されています。

リビジョンキャッシュ

ドキュメントへのアクセスが発生すると、リビジョンツリーがSync Gatewayにキャッシュされます。

エンタープライズエディションでは、`database.cache.rev_cache` プロパティーを使用して、リビジョンキャッシュのサイズを設定できます。

この設定を調整することにより、Sync Gatewayのメモリー消費量を制御できます。これは、メモリーが限られている環境を利用する場合、ドキュメント作成・更新が頻繁に発生する場合に重要になります。

2.https://blog.couchbase.com/data-replication-couchbase-mobile/

3.https://blog.couchbase.com/database-sizes-and-conflict-resolution/

23.2 レプリケーションプロトコル

ここでは、Couchbase Mobileのレプリケーションプロトコルについて、Couchbase Blog: Introducing the New Data Replication Protocol in Couchbase Mobile 2.0[4]の内容に基づいて解説します。

概要

Couchbase Mobileのレプリケーションは、WebSocket上のメッセージングプロトコルとして実装されています。

WebSocketプロトコルは、単一のTCPソケット接続を介してリモートホスト間で全二重メッセージを渡すことができます。レプリケーションプロトコルはHTTP/S接続として開始され、リモートホストのサポートが確認された後に、WebSocketに切り替わります。

チェックポイント

レプリケーションの最新の進行状況を記録することによって、レプリケーションが障害等による中断を経て再開する際に、レプリケーションの継続性を確実にするための仕組みを**チェックポイント**と呼びます。

レプリケーションサイクルは、最後のチェックポイント以降のすべての変更を送信するプロセスであるといえます。継続的レプリケーションでは、レプリケーションサイクル終了後、新たな変更の発生を待機の上、次のレプリケーションサイクルが実行されます。ワンショットレプリケーションでは、レプリケーションサイクルが終了すると、処理は終了します。

チェックポイントは、JSONとしてエンコードされ、以下の要素から構成されています。

・**ローカルシーケンスID:**クライアントからサーバーにプッシュされた最後のシーケンスID
・**リモートシーケンスID:**クライアントがサーバーから受信した最後のシーケンスID

接続確立

ここからは、レプリケーションにおけるフェーズ毎に、プロトコルのシーケンスを解説します。なお、各シーケンスの記述においては、クライアント/サーバー間通信における基本的な構成に則って、レプリケーターを「クライアント」、Sync Gatewayを「サーバー」と記載します。

レプリケーションは、接続の確立からはじめられます。

4.https://blog.couchbase.com/data-replication-couchbase-mobile/

図23.2: レプリケーション接続確立プロセス

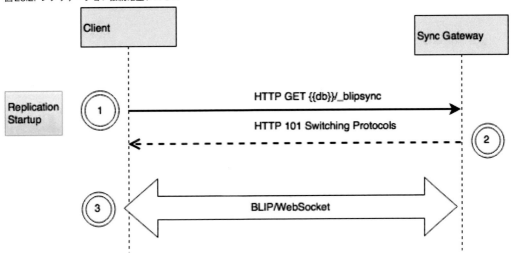

(図は、Couchbase Blog: Introducing the New Data Replication Protocol in Couchbase Mobile 2.0 より引用)

1. クライアントはHTTPプロトコルを用いて、サーバーにWebSocketハンドシェイク要求を送信し、WebSocketに切り替えようとしていることを伝えます。
2. サーバーは、プロトコルの切り替えに同意したことを示して応答します。
3. WebSocketによるハンドシェイクが行われると、HTTPの使用が停止され、すべての通信はWebSocketのメッセージになります。

ひとつのソケットで、プッシュレプリケーションとプルレプリケーションの両方を同時にサポートできます。

チェックポイント確認

接続の確立に続いて、チェックポイントが確認されます。これはプッシュとプルのいずれの場合でも同様です。

図23.3: チェックポイント確認プロセス

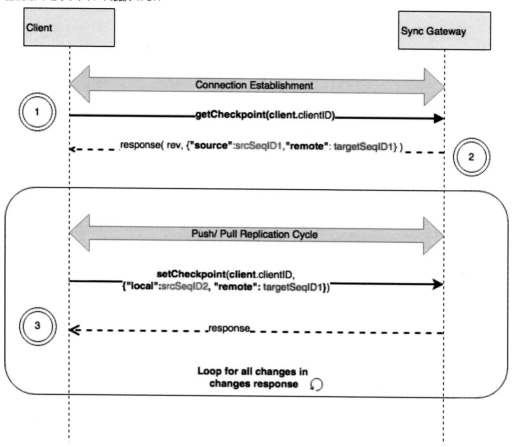

(図は、Couchbase Blog: Introducing the New Data Replication Protocol in Couchbase Mobile 2.0 より引用)

1. クライアントからサーバーに対してgetCheckpointメッセージを送信します。このリクエストにはクライアントを識別するクライアントIDが含まれます。
2. サーバーから、getCheckpoint要求への応答が返されます。この応答には、リクエストしたクライアントに対して、サーバー側で最後に記録されたチェックポイントが含まれます。
3. クライアントは定期的にsetCheckpointメッセージを送信し、チェックポイントを記録します。

プッシュレプリケーション

プッシュレプリケーションでは、ローカルデータベースにおける一連の変更が、クライアントからサーバーに送信されます。

図23.4: プッシュレプリケーションプロセス

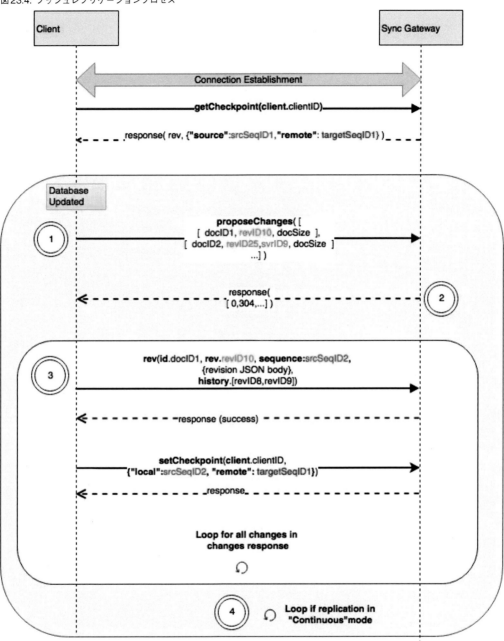

(図は、Couchbase Blog: Introducing the New Data Replication Protocol in Couchbase Mobile 2.0[5] より引用)

1. クライアントは、ローカルシーケンスID以降のローカルデータベースへの変更を検出すると、

5.https://blog.couchbase.com/data-replication-couchbase-mobile/

変更後のリビジョンに対応するchangeオブジェクトの配列を含むproposeChangesメッセージをサーバーに送信します。これには、トゥームストーンリビジョン（ドキュメント削除情報）も含まれます。

2．proposeChangesリクエストに対するサーバーの応答には、ステータスコードの配列を含むJSONオブジェクトが含まれます。 配列の各要素は、proposeChangesリクエストで指定されたリビジョンIDに対応します。このステータスによって、そのリビジョンの状態(競合が発生しているかどうか等)が判別されます。

3．クライアントは、要求されたリビジョンごとにrevメッセージを送信します。revメッセージの本文にはJSON形式のドキュメントが含まれ、ヘッダーには関連するメタデータが含まれます。

4．すべてのrevメッセージが送信された後、継続的レプリケーションでは、クライアントのレプリケーターはローカルデータベースが変更されるのを待ち、はじめのステップに戻ります。ワンショットレプリケーションでは、接続が切断され、レプリケーションが終了します。

プルレプリケーション

プルレプリケーションでは、クライアントからのプルリクエストに応答して、リモートデータベースにおける一連の変更が、サーバーからクライアントへ送信されます。

図23.5: プルレプリケーションプロセス

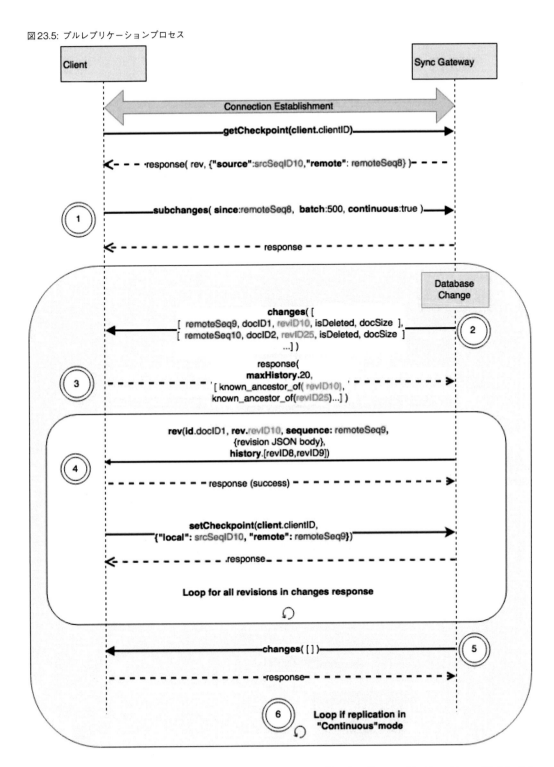

(図は、Couchbase Blog: Introducing the New Data Replication Protocol in Couchbase Mobile 2.0 より引用)

1. クライアントは、subchanges メッセージをサーバーに送信します。subchanges メッセージには、継続的レプリケーションかどうか等のレプリケーションを開始するにあたって必要な基本的な情報が含まれています。

2. サーバーは、変更された現在の各リビジョンに対応する change オブジェクトの配列 changes を含むメッセージをクライアントに送信します。

3. クライアントは、受け取った変更のリストに対して、どの変更に関心があるか(要求するリビジョンのリスト)を応答します。その際、クライアントが受け入れることのできる履歴の最大サイズ(maxHistory)も伝達します。

4. サーバーは、要求されたリビジョンごとに rev メッセージを送信します。rev メッセージの本文には JSON 形式のドキュメントが含まれ、ヘッダーには関連するメタデータが含まれます。

5. 変更の送信が完了すると、サーバーは空の changes メッセージを送信して、送信する変更がこれ以上ないことを示します。

6. すべての変更が送信された後、継続的レプリケーションでは、サーバーが変更を待機している間、接続は開いたままになり、ステップ2に戻ります。ワンショットレプリケーションでは、接続が切断されレプリケーションが終了します。

　手順2〜4は、クライアントとサーバーの役割が入れ替わっているだけで、プッシュレプリケーションの手順1〜3と同じです。このように、Couchbase Mobile の WebSocket レプリケーションプロトコルは、クライアントとサーバーとで完全に異なるコードを必要とする HTTP ベースの API とは異なり、対称的であるといえます。

第24章 Couchbase Mobile競合解決

24.1 概要

Couchbase Mobileでは、自動競合解決機能が提供されています。競合が検出されるとデフォルトの競合解決ロジックが呼び出されます。システムが競合を自動的に処理するため、開発者が競合に対処することは必須ではありません。一方、開発者は要件に応じて、独自の競合解決ロジックを実装することもできます。

この章では、最初に競合が発生するシナリオを整理します。そして、それぞれのシナリオにおけるデフォルトの自動競合解決ロジックと、カスタム競合解決ロジックの実装方法およびその典型的な設計について解説します。

なお、本章の記述はCouchbase Blog: Document Conflicts & Resolution in Couchbase Mobile 2.0[1]を参考にしています。[2]

24.2 競合発生シナリオ

同じドキュメントに対して、複数のクライアントから「同時」に更新が行われる場合、競合が発生します。ここで「同時」とは、「前のレプリケーションから次のレプリケーションまでの間」に対応します。たとえば、クライアントが一定期間オフラインになった後に、再度オンラインに復帰した場合には、オフライン期間中にそのクライアントによって行われた変更は、その間に他のすべてのクライアントによって行われた変更と実質的に「同時」に行われたものとみなされます。

Couchbase Liteでの競合検出

Couchbase Liteでの競合検出には、**データベース更新時**と**プルレプリケーション時**のふたつがあります。

たとえば、ドキュメントをローカルデータベースから取得し、変更を加えた上で保存する前に、そのドキュメントが、プルレプリケーションによってリモートデータベースの変更を反映して更新されていた場合、ドキュメントをローカルデータベースに保存しようとしたタイミングで競合が検知されます。

次の図は、そのシナリオを示しています。

1.https://blog.couchbase.com/document-conflicts-couchbase-mobile/

2.説明にあたって、ソフトウェア内部の挙動など適宜簡略化している部分があります。厳密な内容については参照源にあたってください。

図24.1: データベース更新時の競合発生シナリオ

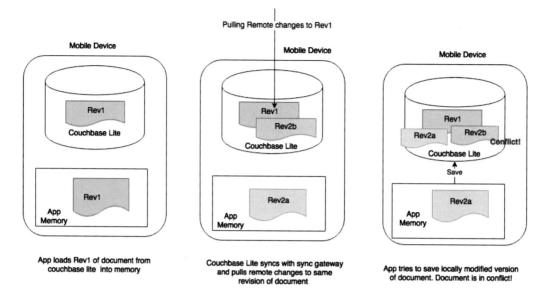

Pulling Remote changes to Rev1

App loads Rev1 of document from couchbase lite into memory

Couchbase Lite syncs with sync gateway and pulls remote changes to same revision of document

App tries to save locally modified version of document. Document is in conflict!

(図は、Couchbase Blog: Document Conflicts & Resolution in Couchbase Mobile 2.0[3]より引用)

また、ローカルデータベースのドキュメントを更新した後に、リモートデータベースで同じドキュメントへ行われていた変更がプルレプリケーションによって反映される場合は、レプリケーションプロセスの中で競合が検知されることになります。

Sync Gateway での競合検出

Sync Gateway での競合検出は、**プッシュレプリケーション時**に行われます。

複数のクライアントが、同じドキュメントに対して、それぞれ変更を加え、その変更がリモートデータベースに対して「同時」にプッシュされる場合、Sync Gateway 側で競合が検知されます。

次の図は、そのシナリオを示しています。

3.https://blog.couchbase.com/document-conflicts-couchbase-mobile/

図24.2: プッシュレプリケーション時の競合発生シナリオ

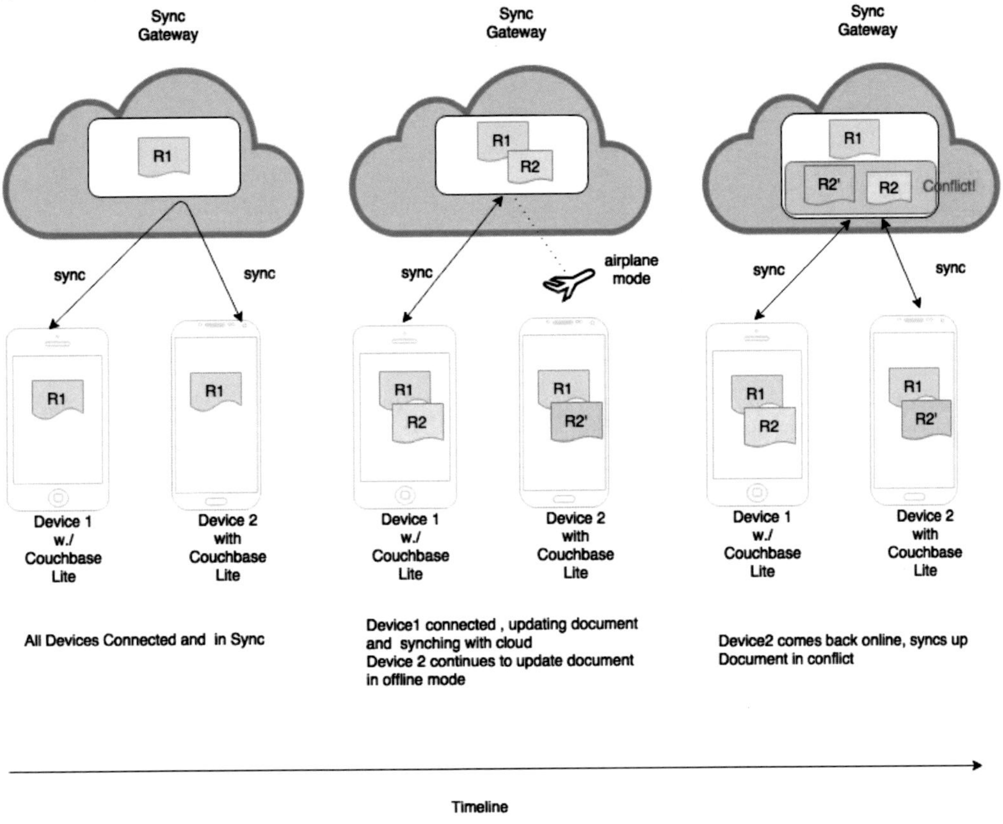

(図は、Couchbase Blog: Document Conflicts & Resolution in Couchbase Mobile 2.0[4] より引用)

24.3 データベース更新時の競合解決

デフォルトポリシー

Couchbase Lite データベースに対してドキュメントの保存を行う場合、データベース中のドキュメントと競合が発生していたとしても、基本的には最後の書き込みが常に勝ちます。つまり、ドキュメントを読みとってから更新するまでの間にプルレプリケーションによって行われたドキュメントの変更はすべて上書きされます。これは、データベース内のドキュメントが削除されている場合であっても同様です。つまり、結果として、削除されたドキュメントは復活することになります。

ドキュメント新規作成時の考慮点

デフォルトの競合解決ポリシーでは、最後の書き込みが常に優先されます。これは、ドキュメントの新規作成を意図した操作であっても、データベースにすでに同じドキュメントID を持つドキュメントが存在していた場合、既存のドキュメントの更新となることを意味します。

4.https://blog.couchbase.com/document-conflicts-couchbase-mobile/

新規ドキュメント作成時には、本来競合は発生しないはずです。一方で、ドキュメントIDの生成方法次第によって、別の場所で作成された同じIDを持つドキュメントがローカルデータベースに同期される、という可能性が存在し得ます。

ドキュメントID設計上、このような状況を避けることができない場合には、新規ドキュメントの作成が意図せずに既存ドキュメントの更新となってしまわないように、カスタム競合解決を用いて、ドキュメントIDを変更して保存するといった対応を行う必要が生じます。

ConcurrentControlオプションによるカスタム競合解決

多くの場合、「最後の書き込みが常に勝つ」というデフォルトのポリシーで十分だと考えられますが、ドキュメント保存時の動作をカスタマイズする方法が提供されています。

その方法のひとつは、ドキュメントの保存を実行する際に競合が発生していることを検知できるようにすることです。具体的には、ドキュメントの保存実行時のオプションパラメーターであるConcurrentControl引数に、failOnConflictを指定します(デフォルトは、lastWriteWinsが指定された状態)。この引数指定によるsaveメソッドコールの戻り値がfalseであった場合、ドキュメントの保存が競合発生の結果として失敗したことを示します。

この機能を利用して、競合発生によりドキュメントの保存が失敗した場合には、現在保存されているドキュメントを取得し、要件に応じたロジックに基づき変更を加えた上で、再度ドキュメントを保存する等の処理を実装することによって、競合解決ロジックをカスタマイズすることができます。

ただし、この方法によって競合の発生を検知した後に再度ドキュメントを保存する場合、再度競合状態が発生している可能性があることに注意を払う必要があります。この問題への典型的な解決策は、再試行のためのループを導入することです。

なお、ドキュメントの保存だけではなく削除の場合(deleteメソッド)にも、ConcurrentControl引数を用いることができます。

ConcurrentControlオプションを用いた実装について、Couchbase Blog: Document Conflicts & Resolution in Couchbase Mobile 2.0[5]に、様々なパターンのプログラミング例が紹介されています。

ConflictHandlerブロックによるカスタム競合解決

ドキュメント保存時にカスタム競合解決を実装する別の方法として、ConflictHandlerブロックを指定する方法が提供されています。以下、その利用例を見ていきます。

競合をどのように処理するかは、アプリケーションの仕様によって異なります。ひとつの方法として、競合が発生しているドキュメントをマージすることが考えられます。以下は、ConflictHandlerブロックを使って、競合が発生しているドキュメントをマージする例です。

```
database.save(
    mutableDocument,
    (newDoc, curDoc) -> {
```

5.https://blog.couchbase.com/document-conflicts-couchbase-mobile/

```
    if (curDoc == null) { return false; }
    Map<String, Object> dataMap = curDoc.toMap();
    dataMap.putAll(newDoc.toMap());
    newDoc.setData(dataMap);
    return true;
});
```

　マージをどのように処理するかはアプリケーションの仕様によって異なりますが、この例では、保存されているドキュメントに新しいドキュメントのプロパティーを上書きしています。現在保存されているドキュメントの内容と新たに保存しようとしているドキュメントの内容とを比較した上で、その結果に応じた処理を行うこともできます。

　あるいは、競合発生時においてローカルの更新よりもリモートの更新を優先する場合は、単にそのドキュメントの保存をスキップすることも考えられます。

24.4　プッシュレプリケーション時の競合解決

デフォルトポリシー

　プッシュレプリケーション中に、競合を引き起こす更新のリクエストが行われた場合、Sync Gatewayはこのリクエストを拒否してHTTP 409エラーを返します。これによって、Couchbase Serverデータベース上に競合するリビジョンがないことが保証されます。

　Sync Gatewayから、409エラーが返された場合、レプリケーターは、それをログに記録する以外に何も行いません。拒否されたリクエストに内在している競合は、プルレプリケーション中にクライアント側で処理されます。

Sync Gatewayのカスタム競合解決

　エンタープライズエディションでは、Sync Gatewayにカスタム競合解決ロジックを実装することが可能になっています。これは、構成プロパティー custom_conflict_resolver に、JavaScript関数を定義することによって行われます。ドキュメント[6]にその定義例が紹介されています。

6.https://docs.couchbase.com/sync-gateway/current/glossary.html#custom-conflict-resolver

---

24.5　プルレプリケーション時の競合解決

デフォルトポリシー

　プルレプリケーション中に競合が検出された場合、競合は次の基準により解決されます。

・更新が削除である場合、常に勝ちます。

・最新のリビジョン/最新の変更が勝ちます。[7]

　このように、レプリケーションにおける競合はプルレプリケーション時にCouchbase Lite側で解決されます。このことは、レプリケーターをプッシュレプリケーション専用に構成した場合、競合状態が解決される機会がなく、ローカルデータとリモートデータの間に差異が存続し続ける可能性があることを意味します。したがって、このような競合が発生するユースケースでは、プッシュアンドプルレプリケーションを行うことが必要になります。

ConflictResolverによるカスタム競合解決

　Couchbase Liteのレプリケーターに対して、カスタム競合解決を実装するためのConflictResolver[8]インターフェイスが提供されています。

　利用する場合には、resolveメソッドを実装したクラスを、レプリケーター構成オブジェクトに登録します。ConflictResolverを設定しない場合には、デフォルトの競合解決が適用されます。

```
ReplicatorConfiguration config = new ReplicatorConfiguration(database, target);
config.setConflictResolver(new LocalWinConflictResolver());

Replicator replication = new Replicator(config);
replication.start();
```

　以下に、カスタム競合レゾルバーの実装例を紹介します。

　まず以下のように、マージされた新しいドキュメントを返す実装が可能です。

```
class MergeConflictResolver implements ConflictResolver {
    public Document resolve(Conflict conflict) {
        Map<String, Object> merge = conflict.getLocalDocument().toMap();
        merge.putAll(conflict.getRemoteDocument().toMap());
        return new MutableDocument(conflict.getDocumentId(), merge);
    }
}
```

　以下は、競合発生時に、常にリモートドキュメントを採用する例です。

```
class RemoteWinConflictResolver implements ConflictResolver {
    public Document resolve(Conflict conflict) {
        return conflict.getRemoteDocument();
```

---

7. ここでは、ソフトウェア内部におけるデータ管理仕様の詳細に立ち入らず簡潔な記述に留めていますが、興味がある場合は、より具体的な内容について本章解説の参照源として紹介した Couchbase Blog: Document Conflicts & Resolution in Couchbase Mobile 2.0 を参照することができます。

8.https://docs.couchbase.com/couchbase-lite/2.6/java.html#conflict resolver

```
    }
}
```

以下は、競合発生時に、常にローカルドキュメントを採用する例です。

```
class LocalWinConflictResolver implements ConflictResolver {
    public Document resolve(Conflict conflict) {
        return conflict.getLocalDocument();
    }
}
```

第25章　Couchbase Mobile設計パターン

　Couchbase Mobileを使ったアプリケーションの設計パターンをカテゴリー毎に紹介します。

　本章の記述は、Couchbase Blog: Best Practices For Using Couchbase Mobile : Part 1[1]とBest Practices and Patterns with Couchbase Mobile - Part 2[2]を参考にしています。

25.1　ユーザーエクスペリエンス向上

データ更新の優先順位制御

　アプリを利用開始時、最低限必要なデータセットを優先的にサーバーから同期することができれば、ユーザーは残りのデータが同期されるのを待たずに操作に取り掛かることができます。

　このように、アプリがサーバーから受信する情報を優先順位によって制御することによって、ユーザーエクスペリエンスを向上させることができます。

　Sync Gatewayでは、チャネルを使用してドキュメントを分類しますが、この際、優先度に基づいてドキュメントを分類し、チャネル毎に同期の方法を変えることによって、ドキュメントを同期する優先順位を制御することができます。

　たとえば、起動時にチャネルフィルターを指定して優先度の高いチャネルのワンショットプルレプリケーションを実行します。そして、優先順位の高いドキュメントのレプリケーションが完了した後に、残りのチャネルのためのレプリケーションを開始します。

　また、優先度の高いチャネルを継続的レプリケーションにより最新の状態に保ちながら、それ以外のチャネルについては、オンデマンドでワンショットレプリケーションを実行することも考えられます。

バックグラウンドでのデータ更新

　ユーザーが、アプリをアクティブに（フォアグラウンドで）使用していない間に、バックグラウンドでアプリのデータを最新の状態に保つことで、ユーザーがアプリ利用を開始した際に、データ更新を待つ時間を短縮することができます。

　このように、レプリケーションの実行タイミングを制御することによって、ユーザーエクスペリエンスを向上させることができます。

　アプリがバックグラウンドにプッシュされると、Couchbase Liteのレプリケーションはオフライ

1.https://blog.couchbase.com/best-practices-common-patterns-couchbase-mobile-part1/

2.https://blog.couchbase.com/best-practices-couchbase-mobile-database-sync-part2/

ンモードに移行します。

モバイルアプリのバックグラウンドサポートは、プラットフォームによって異なります。

たとえば、Androidでは、Work Manager[3]を使用して、ワンショットレプリケーションをスケジュールし、バックグラウンドで非同期に実行することが考えられます。

iOSでは、「Appのバックグラウンド更新」を活用することが考えられます。

また、サーバー側のデータ更新をトリガーにしてレプリケーションを実行するために、AndroidではFirebase Cloud Messaging(FCM)[4]を、iOSではApple Push Notification Sevice(APNS)[5]を使用することも考えられます。

25.2　同期データの最適化

ローカルデータと同期データの分離

モバイルアプリで利用するデータの必ずしも全てをリモートデータベースと同期する必要があるわけではなく、ローカルでのみ利用するデータが存在する場合があります。

ひとつのアプリ内で、複数のCouchbase Liteデータベースインスタンスを使うことができます。

リモートと同期する必要のないデータのためにローカルデータ専用のインスタンスを利用することが考えられます。このローカル専用データベースには、データ同期のためのレプリケーターを構成しません。

また、リモートと同期を行う場合であっても、ローカルでのみ作成および更新するデータセットと、リモートでのみ作成・更新するデータセットに対して、別のデータベースインスタンスを利用し、それぞれプッシュ専用レプリケーター、プル専用レプリケーターを用いることも考えられます。

ただし、Couchbase Liteではデータベースインスタンスを跨がる結合クエリを実行することができないため、同期対象データとローカル専用データ間で結合クエリを実行する要件がある場合には、別の方法を検討する必要があります。

データ同期対象のフィルタリング

データ同期の必要性有無に応じて別々のデータベースインスタンスを利用することは簡単な方法ですが、データを同期するタイミングを細かく制御したい場合があります。また、ローカル専用データと同期対象データとの間で結合クエリを利用する必要がある場合には、ひとつのデータベースインスタンス内で、データ同期の対象を制御します。

レプリケーターにフィルターを設定して、サーバーにプッシュされるドキュメントを決定することができます。この機能を利用して、いつどのドキュメントをサーバーに同期するかを制御できます。

フィルターでは、ドキュメントのプロパティーを検査して、ドキュメントを同期するかどうかを

3.https://developer.android.com/topic/libraries/architecture/workmanager

4.https://firebase.google.com/docs/cloud-messaging

5.https://developer.apple.com/documentation/usernotifications

判断します。ドキュメントの変更があるたびに、レプリケーターによってフィルター機能が適用され、フィルターの基準が満たされた場合にのみドキュメントが同期されます。このフィルターを、以下のようなデータモデリングと組み合わせて利用することが考えられます。

たとえば、ドキュメントをモデル化する際に、「ステータス」プロパティーを設けます。アプリケーションは、このステータスプロパティーの値を操作することによって、そのドキュメントを同期するタイミングを制御することができます。

あるいは、「スコープ」プロパティーを設け、リモートデータベースと同期する必要のないドキュメントでは、その値を「ローカル」に設定し、ドキュメントを同期しないことを示すことが考えられます。この場合、インスタンスレベルで分割するパターンと異なり、ドキュメント間の結合を行うことができます。

プレビルドデータベース

アプリが利用するデータには、インストール時から変わらないデータもあれば、アプリの利用時期によってアップデートしなければならないデータも存在する場合があります。さらに、そのアプリが使い始められるタイミングがエンドユーザーに委ねられているような場合、それらの区分が難しい場合があります。

Couchbase Lite では、あらかじめデータ登録済みのデータベース(プレビルドデータベース)をアプリケーションに同梱(バンドル)することができます。

アプリケーションを初めて利用する際に、サーバーから全てのデータをダウンロードするかわりに、プレビルドデータベースを利用することが考えられます。プレビルドデータベースを使うことによって、このような初回データロードを省略、あるいは必要な範囲にのみ限定することができます。

最新化しなければならないデータの範囲があらかじめ明確に区別されていない場合であっても、プルレプリケーション実行により、リモートで更新されたデータのみが同期されます。そのため、リリース時からの更新差分について外部的に管理する必要はありません。

デルタ同期

　エンタープライズエディションでは、データ同期時にドキュメント内の変更があった部分のみを送信することのできるデルタ同期機能が提供されています。
　エンタープライズエディションユーザーは、この機能を利用して、同期データサイズの最適化を行うことが可能です。

25.3　ローカルデータの最適化

同期済みデータのパージ

ローカルデータベースの肥大化を回避するために、またはコンプライアンス上の理由から、サーバーに同期された後にローカルデータベースからドキュメントを削除することが必要な場合があります。

Couchbase Liteは、ドキュメントの同期ステータスについて通知を受けることのできる、イベント処理をサポートしています。この機能を利用して、ドキュメントの同期ステータスに応じて、適切な処理を実行することができます。

たとえば、ドキュメントがリモートデータベースに対してプッシュされたことを示すonPushedイベント受信時に、そのドキュメントをパージする処理を実装することが考えられます。

パージされたドキュメントの状態は、削除されたドキュメントとは異なり、リモートデータベースに同期されません。そのため、リモートデータベースにのみドキュメントが格納されている状態になります。

ドキュメント有効期限

サーバー上で作成されたドキュメントには有効期限、つまりドキュメントがデータベース上に存続する期間であるTTL(Time To Live)が設定されている場合があります。

ネットワーク接続環境下で継続的に同期が行われている場合、リモートデータベースのドキュメントの状態がクライアント側に同期されるため、サーバー側で有効期限が切れて削除されたドキュメントは、いずれクライアント側でも削除されることになります。

ただし、クライアントがオフライン環境化で利用されることが予想され、そのような場合にも有効期限切れのドキュメントをタイムリーにクライアントから削除することが重要である場合があります。

Couchbase Liteは、リモートデータベース上のドキュメントのTTLとは別に、ドキュメントに有効期限を設定する機能をサポートしています。この機能を利用して、サーバーへの接続状態に関係なく、Couchbase Lite上のドキュメントを期限切れにすることができます。Couchbase Liteで設定したドキュメントの有効期限が切れると、そのドキュメントはCouchbase Liteから自動的に削除されます。

Couchbase Liteで作成されたドキュメントについては、作成時に有効期限設定をすることができます。一方、サーバーから同期されたドキュメントに対して有効期限を設定したい場合には、イベント処理を活用することができます。

具体的には、ドキュメントのPullイベント受信時に、同期されたドキュメントにTTLを設定します。このTTLには、サーバーとクライアントとで同じ値を使うことも、あるいは要件に応じて別の値を使うこともできます。

第26章　Couchbase Mobile環境構築

Couchbase Mobile環境構築の概要を記します。

26.1　Sync Gatewayインストール

はじめに、Sync Gatewayのインストール(Install Sync Gateway[1])について説明します。

入手方法

各種Linux系OSや、Windows、macOS用のSyncGatewayをCouchbaseのサイト[2]からダウンロードできます。コミュニティーエディションとエンタープライズエディションの両方をここから入手可能です。

サポートされるOSの詳細については、ドキュメント(Supported Operating Systems[3])を参照ください。

インストール

Red Hat/CentOSの場合は、RPM(Red Hat Package Manager)を使って、以下のようにインストールできます。

```
$ rpm -i couchbase-sync-gateway-community_3.0.0_x86_64.rpm
```

UbuntuとDebianについては、dpkgコマンドを使って、以下のようにインストールします。

```
$ dpkg -i couchbase-sync-gateway-community_3.0.0_x86_64.deb
```

macOSの場合、ダウンロードしたファイルを解凍して利用します。ドキュメントの記載は、/optディレクトリーに解凍して利用することを想定したものになっています。

```
$ sudo unzip couchbase-sync-gateway-community_3.0.0_x86_64.zip -d /opt
```

Windowsでは、インストーラーを用いてインストールします。Windoesへのインストールの詳細

1.https://docs.couchbase.com/sync-gateway/current/get-started-install.html

2.https://www.couchbase.com/downloads#extend-with-mobile

3.https://docs.couchbase.com/sync-gateway/current/get-started-prepare.html#supported-operating-systems

については、ドキュメント(Install for Windows[4])を参照ください。この後の記載では、Windowsについての説明は省略します。

インストールロケーション

デフォルトの Sync Gateway インストールでは、次のロケーションが使用されます。

コンテンツ	ロケーション
バイナリ	/opt/couchbase-sync-gateway/bin/
サンプル構成ファイル	/opt/couchbase-sync-gateway/examples/
スクリプト	/opt/couchbase-sync-gateway/service/
サービス(Mac)	<LIBRARY_ROOT>/com.couchbase.mobile.sync_gateway.plist
サービス(Linux)	<LIBRARY_ROOT>/sync_gateway.service

<LIBRARY_ROOT>は、macOSの場合/Library/LaunchDaemons、Linuxの場合/lib/systemd/system または、/usr/lib/systemd/system です。

また、構成ファイルとログファイルのデフォルトのロケーションは、以下の通りです。

・構成ファイル:<HOME_ROOT>/sync_gateway/

・ログファイル:<HOME_ROOT>/sync_gateway/logs/

<HOME_ROOT>は、macOSの場合/Users、Linuxの場合/home です。

26.2　Sync Gateway 実行

Sync Gatewayは、サービスとして実行することも、コマンドラインから直接実行することもできます。

コマンドライン実行

インストールディレクトリーに解凍されたバイナリファイル(sync_gateway)に対して、実行時引数としてブートストラップ構成ファイルのパスを指定して実行することができます。

特定のシャットダウン手順はなく、SIGINTシグナル(Ctrl+C)を使用して安全に停止することができます。

コマンドライン実行時のコマンドラインオプションの詳細については、ドキュメント(Using the Command Line[5])を参照ください。

4.https://docs.couchbase.com/sync-gateway/current/get-started-install.html#install-for-windows

5.https://docs.couchbase.com/sync-gateway/current/command-line-options.html

サービス実行

Linux環境で、`systemd`を利用する場合のサービスの開始と停止は以下のようになります。

```
$ systemctl start sync_gateway
$ systemctl stop sync_gateway
```

Linux環境で、`init`を利用している場合は、以下のようになります。

```
$ service sync_gateway start
$ service sync_gateway stop
```

macOSでサービスとして実行するための手順についてはドキュメント[6]を参照ください。

26.3　Couchbase Server環境

概要

Sync Gatewayを含めた、Couchbase Mobile環境を構築する際には、Couchbase ServerをSync Gateway用にセットアップします。

クラスター構成

Couchbase Serverをクラスターとしてセットアップする際には、要件に応じて、利用するサービスの有効化およびクラスター内での配置を実施します。

Sync Gatewayと共に利用するCouchbase Serverクラスターでは、以下のサービスが稼働している必要があります。

- Dataサービス
- Indexサービス
- Queryサービス

バケット

Couchbase Serverでは、データはバケットと呼ばれる論理エンティティーに格納されます。バケットには、データをメモリーとディスクの両方に保持するCouchbaseバケットと、データをメモリーにのみ保持するEphemeralバケットとがあります。Couchbase Liteとデータ同期を行うリモートデータベースとして利用する場合には、Couchbaseバケットを利用します。

Couchbase Liteと同期されるバケットには、Sync Gatewayのメタデータも保存されます。

6.https://docs.couchbase.com/sync-gateway/current/get-started-install.html#lbl_service

Couchbase Server ユーザー

Sync Gateway から Couchbase Server にアクセスするため、Couchbase Server ユーザーを、適切な RBAC(Role Based Access Control) の元、構成する必要があります。ユーザーは、同期対象のバケットに対する適切なアクセス権限を持っている必要があります。このユーザーは、Sync Gateway から Couchbase Server への接続に用いられます。

Sync Gateway の管理REST API とメトリクスREST API へアクセスする際のユーザーは、Couchbase Server ユーザーです。つまり、Couchbase Server のアクセス権限管理に従います。要件に応じて、適切な権限が付与された専用のユーザーを用います。

なお、パブリック REST API へのアクセスや、Couchbase Lite アプリケーション(レプリケーター)が Sync Gateway に接続する際に用いるユーザーは、Couchbase Server ユーザーではなく、Sync Gateway ユーザーです。これらのユーザー情報は Sync Gateway メタデータの一部という位置づけにて、Couchbase Server のバケットにドキュメントとして格納されます。

開発参考情報

Sync Gateway を利用するために必要となる Couchbase Server の構成方法の詳細については、ドキュメント (Configure Server for Sync Gateway[7]) を参照してください。

また、Couchbase Server のインストールや操作方法については Couchbase Server のドキュメント[8] を参照ください。特に、Sync Gateway の管理REST API へアクセスするユーザーを構成する際に必要となる、Couchbase Server の RBAC(Role-Based Access Control) については、承認(Authorization[9]) に関するドキュメントを参照ください。

また、Couchbase Server に関する日本語の情報として、拙著『NoSQL ドキュメント指向データベース Couchbase Server ファーストステップガイド』(インプレス R&D、2021 年) を参照いただくことができます。

26.4 コンテナ利用

Docker

Sync Gateway の Docker コンテナイメージは、Docker Hub の以下の URL で公開されています。

https://hub.docker.com/r/couchbase/sync-gateway

Couchbase Server のコンテナイメージも、以下に公開されています。

https://hub.docker.com/_/couchbase

7.https://docs.couchbase.com/sync-gateway/current/get-started-prepare.html#configure-server

8.https://docs.couchbase.com/home/server.html

9.https://docs.couchbase.com/server/current/learn/security/authorization-overview.html

次章で、Docker環境を使って、Couchbase ServerとCouchbase Serverクライアント Webアプリ
ケーションを含めたCouchbase Mobileの機能を体験するための環境構築と操作方法について解説し
ます。

Kubernetes

Couchbase ServerやSync Gatewayを、Kubernetes環境で利用するための技術として、**Couch-
base Autonomous Operator**[10]があります。Autonomous Operatorは、Kubernetesおよび
RedHat OpenShiftとのネイティブ統合を提供します。

開発参考情報

Autonomous Operatorを使ってSync Gatewayをデプロイする方法については、ドキュメント
(Connecting Sync Gateway to a Couchbase Cluster[11])を参照してください。

また、Couchbase ServerをAutonomous Operatorを使ってデプロイする方法についても、ドキュ
メント(Create a Couchbase Deployment[12])を参照することができます。

Kubernetesプラットフォームに Couchbaseをデプロイする際のベストプラクティスとAWS EKS
環境に Couchbase ServerとSync Gatewayをセットアップする手順について、Couchbase Blog: Get
set to the edge with Sync Gateway[13]を参照することができます。

10.https://docs.couchbase.com/operator/current/overview.html

11.https://docs.couchbase.com/operator/current/tutorial-sync-gateway.html

12.https://docs.couchbase.com/operator/current/howto-couchbase-create.html

13.https://blog.couchbase.com/get-set-to-the-edge-with-sync-gateway/

第27章　Couchbase Mobileを体験する

27.1　はじめに

　Couchbase Mobileをモバイル/エッジコンピューティングデータプラットフォームとして利用する際には、Couchbase LiteとSync Gatewayに加え、Couchbase Serverを利用します。さらに、モバイルアプリケーションだけでなく、Webアプリケーションでも同じサービスを提供する場合があります。この場合、Webアプリケーションサーバーは、Couchbase Serverのクライアントとして位置付けられます。

　このような環境を簡単に体験することのできるチュートリアルCouchbase Mobile Workshop[1]が公開されています。このチュートリアルに従うことによって、Sync Gatewayを用いたCouchbase LiteとCouchbase Serverとの同期を比較的簡単に体験することができます。また、チュートリアルの素材としてモバイルアプリケーションのみではなくWebアプリケーションも提供されており、Couchbase Serverクライアントとの共存のユースケースについても確認することができます。

　このチュートリアルの環境は、Dockerリポジトリーに公開されているセットアップ済みのDockerイメージを利用して構築することができます。また、アプリケーションのコードや設定ファイルはGitHubリポジトリーで公開されています。

　本章では、演習形式の実行を想定して、このチュートリアルの内容を紹介します。演習の進め方の概要としては、はじめに環境を構築して、アプリケーションを実行できるようにします。演習には、具体的な処理のプログラミングは含まれません。アプリケーションが実行できるようになったら、その処理を行っているソースコードの該当箇所と照らし合わせながら、対応するアプリの挙動を確認していきます。

　チュートリアルのアプリケーションは、旅行会社のサービスを扱っており、ホテルの検索とブックマークやフライトの検索と予約を行う機能を提供します。

　なお、このCouchbase Mobile Workshopチュートリアルは、Swift等複数のプログラミング言語に対応していますが、ここではAndroid Javaを用いて解説します。

　また、チュートリアルでは、エンタープライズエディションが利用されています。

エンタープライズエディション利用

　Couchbaseのエンタープライズエディションには、ライセンスキーやアクティベーションコードは存在しません。また試用期間も存在せず、利用規約の定める範囲で使い続けることができます。

　コミュニティーエディションは、機能や利用規模に関して定められた規約(Couchbase, Inc. Community Edition License Agreement[2])に基づいて商用目的で利用することができます。規約の概要について、2021年6月に投稿されたBlog: Couchbase Modifies License of Free Community Edition Package[3]を参照することができます。

　エンタープライズエディションは、商用目的以外ないしプリプロダクションフェーズにおいて利用することができま

1.https://docs.couchbase.com/tutorials/mobile-travel-tutorial/introduction.html

す。公式のFAQ(Couchbase Licensing and Support Frequently Asked Questions[4])から、この点について触れている該当部分を引用します。[5]

「Customers can use Enterprise Edition free-of-charge for unlimited pre-production development and testing with forum support.[6]」

以下に翻訳を示します。

「顧客はエンタープライズエディションを、プリプロダクションの開発とテストのために、制限なく、フォーラムのサポートを利用しながら、無料で使用することができます。」

コミュニティーエディションユーザーや、エンタープライズエディションをサブスクリプションを購入せずに利用しているユーザーは、フォーラム[7]で、質問を投稿して有志からの回答を受けたり、過去の質問への回答を検索したりすることができます。

2.https://www.couchbase.com/community-license-agreement04272021

3.https://blog.couchbase.com/couchbase-modifies-license-free-community-edition-package/

4.https://www.couchbase.com/licensing-and-support-faq

5. これは、「Do I need to purchase an Enterprise Edition subscription for development, QA, and pre-production usage?」という質問への回答です。

6. 回答全文では、引用文の後に以下が続きます:For customers who require technical support during production, development, QA, pre-production testing and/or as part of a 3rd-party packaged and/or partner-provided solution, a paid subscription is required. This is inclusive of nodes and/or devices in non-production where the production usage requires an Enterprise Edition paid subscription.

7.https://forums.couchbase.com/

27.2　環境概要

Couchbaseプロダクト

- Couchbase Server v7.0.0
- Couchbase Lite v3.0.0
- Sync Gateway v3.0.0
- Couchbase Python SDK 3.0.x

開発環境

- 最新のAndroid Studio
- Androidエミュレーター(APIレベル22以上)
- Android SDK 29
- Android ビルドツール29以上
- JDK 8以上

実行環境

下記の3つの環境をDockerイメージを用いて構築します。

- Couchbase Server
- Sync Gateway
- Web/REST API Server

Couchbase Serverについては、サンプルデータやユーザーがセットアップ済みの環境 (server-sandbox) を用います。この環境にセットアップされている内容に関心がある場合は、ドキュメント[8]でマニュアル設定手順を確認することができます。

27.3 環境構築

チュートリアルリポジトリー

はじめにmobile-travel-sampleリポジトリーを取得します。Sync Gatewayの環境構築のために、このリポジトリーに含まれているSyng Gateway用の構成ファイルを利用します。

```
$ git clone -b master --depth 1 \
  https://github.com/couchbaselabs/mobile-travel-sample.git
```

ローカルDockerネットワーク

「workshop」という名前のローカルDockerネットワークを作成します。次のコマンドを実行します。

```
$ docker network ls
$ docker network create -d bridge workshop
```

Couchbase Server

Dockerイメージを取得します。

```
$ docker pull couchbase/server-sandbox:7.0.0
```

Dockerコンテナを起動します。

```
$ docker run -d --name cb-server --network workshop -p 8091-8094:8091-8094 \
  -p 11210:11210 couchbase/server-sandbox:7.0.0
```

次のコマンドを使用して、「cb-server」という名前のDockerコンテナが実行されていることを確認します。

8.https://docs.couchbase.com/tutorials/mobile-travel-tutorial/android/installation/manual.html#couchbase-server

```
$ docker ps
```

Dockerプロセスが開始されていても、サーバーが起動するまでに数秒かかる場合があります。次のコマンドにより、Couchbase Serverのログを表示できます。

```
$ docker logs cb-server
```

以下に、実行例を示します。

```
$ docker logs cb-server
Starting Couchbase Server -- Web UI available at http://<ip>:8091
and logs available in /opt/couchbase/var/lib/couchbase/logs
Configuring Couchbase Server.  Please wait (~60 sec)...
Configuration completed!
Couchbase Admin UI: http://localhost:8091
Login credentials: Administrator / password
```

Couchbase Serverの起動が完了するのを待って、Couchbase ServerのWeb管理コンソールを開きます。URLは、次の通りです。:http://localhost:8091

ユーザー名を「Administrator」、パスワードを「password」としてログインします。

図27.1: Couchbase Server Web管理コンソールのログイン画面

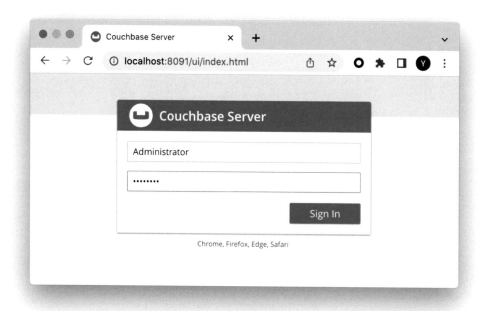

ログイン後、サイドメニューから[Buckets]を選択し、travel-sampleバケットにサンプルデータが登録されていることを確認します。

図27.2: Couchbase Server Web管理コンソールのBuckets画面

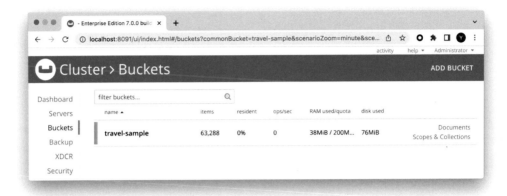

Sync Gateway

Dockerイメージを取得します。

```
$ docker pull couchbase/sync-gateway:3.0.0-enterprise
```

このチュートリアルでは、sync-gateway-config-travelsample.jsonという名前の構成ファイルを使用してSync Gatewayを起動します。このファイルは、mobile-travel-sampleリポジトリーに含まれています。

接続先を確認するため、任意のテキストエディターを使用してsync-gateway-config-travelsample.jsonを開きます。

Couchbase Serverに接続するには、サーバーのアドレスを指定する必要があります。Couchbase ServerのDockerコンテナを起動したときに--nameオプションに「cb-server」を指定したことを思い出してください。

以下のように、接続先の記述が「cb-server」であることを確認します。

sync-gateway-config-travelsample.json

```
    "databases": {
        "travel-sample": {
            "import_docs": true,
            "bucket": "travel-sample",
            "server": "couchbases://cb-server",
```

確認したファイルを使用してSync Gatewayを起動します。

ファイルが置かれているフォルダーから以下のコマンドを実行します。

Windows以外のプラットフォームでの実行方法は、以下のようになります。

```
$ docker run -p 4984-4985:4984-4985 --network workshop --name sync-gateway -d \
  -v `pwd`/sync-gateway-config-travelsample.json:/etc/sync_gateway/sync_gateway
.json \
  couchbase/sync-gateway:3.0.0-enterprise -adminInterface :4985 \
  /etc/sync_gateway/sync_gateway.json
```

Windowsでの実行方法は、以下のようになります。

```
$ docker run -p 4984-4985:4984-4985 --network workshop --name sync-gateway -d \
  -v %cd%/sync-gateway-config-travelsample.json:/etc/sync_gateway/sync_gateway
.json \
  couchbase/sync-gateway:3.0.0-enterprise -adminInterface :4985 \
  /etc/sync_gateway/sync_gateway.json
```

次のコマンドを使用して、「sync-gateway」という名前のDockerコンテナが実行されていること
を確認します。

```
$ docker ps
```

次のコマンドにより、Sync Gatewayのログを表示できます。

```
$ docker logs sync-gateway
```

ブラウザーで次のURLにアクセスします。:http://127.0.0.1:4984

以下のような応答が返されることを確認します。

```
{"couchdb":"Welcome","vendor":{"name":"Couchbase Sync Gateway","version":"3.0"},
"version":"Couchbase Sync Gateway/3.0.0(541;46803d1) EE"}
```

Webアプリケーション

Dockerイメージを取得します。

```
$ docker pull connectsv/try-cb-python-v2:6.5.0-server
```

Dockerコンテナを起動します。

```
$ docker run -it -p 8080:8080 --network workshop --name try-cb-python \
  connectsv/try-cb-python-v2:6.5.0-server
```

コンソールに次のように出力されます。

```
Connecting to: couchbase://cb-server
couchbase://cb-server <couchbase.auth.PasswordAuthenticator object at
0x7f06d1357eb8>
 * Running on http://0.0.0.0:8080/ (Press CTRL+C to quit)
```

ブラウザーで次のURLにアクセスします。:http://127.0.0.1:8080

Webアプリのログイン画面が表示されることを確認します。

図27.3: Webアプリのログイン画面

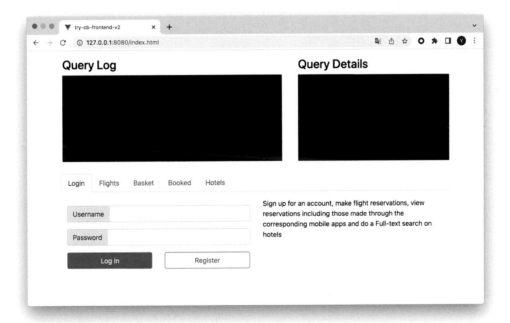

27.4　モバイルアプリセットアップ

プロジェクト

　先に取得済みのmobile-travel-sampleリポジトリーに含まれるAndroidプロジェクトをAndroid Studioで開きます。build.gradleファイルはmobile-travel-sample/android/TravelSampleの下にあります。

接続先確認

com.couchbase.travelsample.utilパッケージのDatabaseManager.javaを開きます。

WebアプリケーションサーバーとSync Gatewayの接続先を確認します。

以下のように、WebアプリケーションサーバーとSync Gatewayの接続先が設定されていることを確認します。

DatabaseManager.java

```
public class DatabaseManager {
  // Use 10.0.2.2 if using Emulator(s)
    public static String APPLICATION_ENDPOINT = "http://10.0.2.2:8080/api/";
    public static String SGW_ENDPOINT = "ws://10.0.2.2:4984/travel-sample";
```

エミュレーターからローカル環境への接続

本演習では、モバイルアプリケーションの実行確認は、エミュレーターの利用を想定しています。エミュレーターからローカルホストで稼働しているサーバーにアクセスする際には、接続先としてエミュレーターがアサインしている特別なIPアドレスを指定します。Andoroidエミュレーターのからローカルホストへの接続に用いるIPアドレスは、「10.0.2.2」になります。

実行

プロジェクトをビルドして、Androidエミュレーターを使用してアプリを実行します。

モバイルアプリのログイン画面が表示されます。

図27.4: モバイルアプリのログイン画面

これで、環境の準備が完了しました。

27.5 モバイルアプリ設計

ログインオプション

モバイルアプリのログイン画面には、次のログインオプションが表示されます。

・SIGN IN

・PROCEED AS GUEST

これらのオプションは、それぞれ次の動作モードに対応しています。

・同期(Sync)モード: ユーザーが入力した情報をCouchbase Serverと同期します。Webアプリケーションでログインした場合も同じデータが引き継がれます。
・ゲスト(Guest)モード: ローカルデータのみを使ってアプリを操作します。

モバイルアプリ内部では、それぞれのモードに対応したデータベース、Travel Sample DBとGuest DBが用いられています。

図27.5: モバイルアプリのデータベースインスタンス概念図

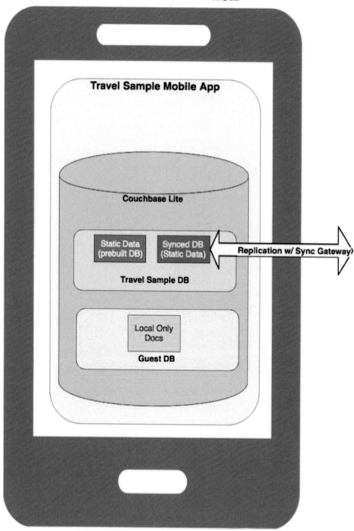

(図は、Couchbase Mobile Workshop より引用)

同期モードのデータモデル

同期モードでは、モバイルアプリは、Sync Gateway および Web アプリケーションサーバーが提供する REST API を介して、Couchbase Server と通信します。同期モードで利用されるドキュメントの種類は次の通りです。

- user
- airline
- airport
- hotel
- route

user ドキュメントは、アプリケーションで作成・更新され、Sync Gateway を介して Couchbase Server に同期されます。user ドキュメントには、ID、名前、パスワードのようなユーザーに関する情報の他、ユーザーが予約したフライトに関する情報も含まれます。

演習では、user ドキュメントを対象にしたレプリケーションの動作を確認します。

図27.6: user データモデル

```
key: user::demo
{
  "id":"user:demo",
  "flights":[
      {
        "flight":"AF368",
        "price": 1000.10,
        ......
      }
  ],
  "username":"demo",
  "password""jfhgdfghs7"
}
```

(図は、Couchbase Mobile Workshop より引用)

user 以外のドキュメントは、アプリケーションから作成・更新されることはありません。
hotel と airport ドキュメントは、プレビルドデータベースとして、モバイルアプリにあらかじ

めバンドルされています。演習では、これらのドキュメントを利用してクエリや全文検索機能を確認します。

図27.7: user 以外のデータの関係構造図

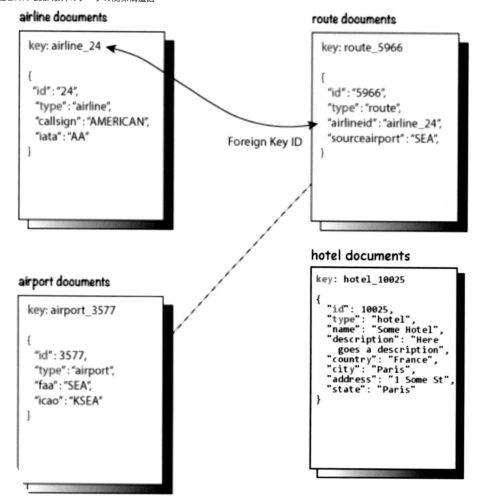

(図は、Couchbase Mobile Workshop より引用)

ゲストモードのデータモデル

ゲストモードでは、ユーザーとしてアプリにログインしていなくても、ホテルの情報を検索・閲覧し、気になったホテルをブックマークすることができます。

モバイルアプリはゲストユーザー用のデータベースを持ちます。このデータベースには、ユーザーによってブックマークされたホテルの情報が保存されます。

ゲストモードでは、次のタイプのドキュメントが利用されます。

- hotel
- bookmarkedhotels

図27.8: ローカルデータ関係構造図

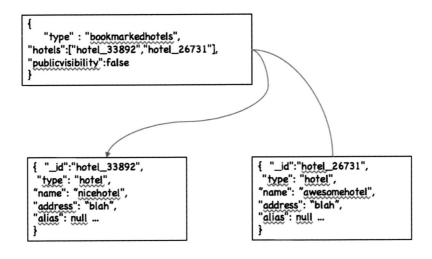

(図は、Couchbase Mobile Workshop より引用)

ドキュメント設計

Couchbase Liteでは、異なる種類のドキュメントが同じ名前空間に保存されます。したがって、通常はドキュメントの種類を示すプロパティーを使用して、各エンティティーを区別します。このアプリケーションでは、このプロパティーを「type」と名付けています。

また、このアプリケーションではドキュメントIDに、ドキュメントの種類と数値文字列との組み合わせを用いています。ドキュメントIDに用いるドキュメント種類は、ドキュメントのtypeプロパティーの値と一致しており、数値文字列との組み合わせにより、ドキュメントを一意に識別します。

プロジェクト構成

モバイルアプリの設計は、MVP(Model-View-Presenter)パターンに従っています。

クラスは機能ごとにパッケージ化されており、各パッケージには次の3つの種類のファイルが含まれます。

- Activity: すべてのビューロジックが存在する場所です。

・Presenter: データのフェッチと永続化のためのロジックが存在する場所です。

・Contract: Presenter と Activity が実装するインターフェースです。

演習では Couchbase Lite の機能について、プレゼンターのコードで行われている内容を確認していきます。

27.6　データベース操作

初期化

アプリケーションで、Couchbase Lite データベースの利用を開始するには、はじめにアプリケーションコンテキストを用いて Couchbase Lite を初期化します。

DatabaseManager.java

```java
public void initCouchbaseLite(Context context) {
    CouchbaseLite.init(context);
    Database.log.getConsole().setLevel(LogLevel.DEBUG);
    appContext = context;
}
```

データベース作成

このアプリケーションでは、ユーザーごとにデータベースを作成します。

guest という名前のディレクトリーにゲストユーザー用の空のデータベースを作成します。

DatabaseManager の OpenGuestDatabase メソッドを確認します。

DatabaseConfiguration に対して、「guest」という名前のディレクトリーを設定しています。設定した DatabaseConfiguration を渡して、「guest」という名前のデータベースを作成しています。

DatabaseManager.java

```java
public void OpenGuestDatabase() {
    DatabaseConfiguration config = new DatabaseConfiguration();

    this.enableLogging(appContext);
    config.setDirectory(String.format("%s/guest", appContext.getFilesDir()));

    try {
        database = new Database("guest", config);
    }
    catch (CouchbaseLiteException e) {
        e.printStackTrace();
    }
}
```

ドキュメントの作成と更新

ユーザーがホテルをブックマークすると、bookmarkedhotelsタイプのドキュメントが作成され、hotelsプロパティーに、そのホテルに対応するhotelドキュメントのドキュメントIDが格納されます。以下は、bookmarkedhotelsドキュメントの例です。

```
{
  "type": "bookmarkedhotels",
  "hotels": ["hotel1", "hotel2"]
}
```

ドキュメントの作成と保存について、確認します。

com.couchbase.travelsample.hotelsパッケージのHotelsPresenter.javaを開きます。

HotelsPresenterのbookmarkHotels(Map<String, Object> hotel)メソッドを確認します。

ここでは、まずDatabaseManagerからデータベースのインスタンスを取得しています。

HotelsPresenter.java
```
Database database = DatabaseManager.getDatabase();
```

ホテルの情報は、hotelタイプのドキュメントとして保持されています。

次のコードは、hotelドキュメントをguestデータベースに新しいドキュメントとして保存します。

HotelsPresenter.java
```
MutableDocument hotelDoc = new MutableDocument((String) hotel.get("id"), hotel);
try {
  database.save(hotelDoc);
} catch (CouchbaseLiteException e) {
  e.printStackTrace();
}
```

次に、bookmarkedhotelsドキュメントを作成します。ドキュメントには、typeプロパティーの値として「bookmarkedhotels」が設定されています。また、ブックマークされたホテルのドキュメントIDを格納するのための配列型のhotelsプロパティーが含まれます。

ドキュメントIDにはuser::guestが用いられています。ゲストユーザーのためのbookmarkedhotelsドキュメントはアプリにおいて唯一であり、ローカルでのみ利用されます。

HotelsPresenter.java
```
if (document == null) {
    HashMap<String, Object> properties = new HashMap<>();
    properties.put("type", "bookmarkedhotels");
```

```
    properties.put("hotels", new ArrayList<>());
    mutableCopy = new MutableDocument("user::guest", properties);
}
else {
    mutableCopy = document.toMutable();
}
```

　ユーザーによって選択されたホテルのIDは、bookmarkedhotels ドキュメントの配列型のhotels
プロパティーに追加されます。

HotelsPresenter.java
```
MutableArray hotels =  mutableCopy.getArray(hotels).toMutable();
mutableCopy.setArray(hotels,hotels.addString((String) hotel.get(id)));
```

　最後に、ドキュメントが保存されます。

HotelsPresenter.java
```
try {
    database.save(mutableCopy);
} catch (CouchbaseLiteException e) {
    e.printStackTrace();
}
```

演習: ホテルのブックマーク

1. モバイルアプリを実行します。
2. [PROCEED AS GUEST] を選択します。
3. [BookmarksActivity]ページが表示されることを確認します。
4. アプリ画面右下のベットのアイコンをタップします。
5. [location] テキストフィールドに、「London」と入力します。London にあるホテルのリストが表示されます。
6. 最初のホテルのセルをタップしてブックマークします。
7. [BookmarksActivity]画面に新しくブックマークされたホテルが表示されていることを確認します。

ドキュメントの削除

　ホテルがブックマークされると、そのホテルのドキュメントがゲストユーザー用のローカルデータベースに挿入されます。ユーザーがホテルのブックマークを解除するときは、その反対に、挿入されたホテルドキュメントをゲストユーザーのデータベースから削除します。

　ドキュメントの削除について、確認します。

　com.couchbase.travelsample.bookmarks パッケージの BookmarksPresenter.java を開きます。

　BookmarksPresenter の removeBookmark(Map<String, Object> bookmark) メソッドを確認します。

BookmarksPresenter.java

```java
    @Override
    public void removeBookmark(Map<String, Object> bookmark) {
        Database database = DatabaseManager.getDatabase();
        Document document = database.getDocument((String) bookmark.get("id"));
        try {
            database.delete(document);
        }
        catch (CouchbaseLiteException e) {
            e.printStackTrace();
        }

        MutableDocument guestDoc = database.getDocument("user::guest").toMutable
();
        MutableArray hotelIds = guestDoc.getArray("hotels").toMutable();
        for (int i = 0; i < hotelIds.count(); i++) {
            if (hotelIds.getString(i).equals((String) bookmark.get("id"))) {
                hotelIds.remove(i);
            }
        }

        try {
            database.save(guestDoc);
        }
        catch (CouchbaseLiteException e) {
            e.printStackTrace();
        }
    }
```

　ブックマーク解除プロセスは、hotelのドキュメントを削除することに加えて、bookmarkedhotels ドキュメントのhotels配列からホテルIDを削除します。

演習: ブックマーク解除

1. ブックマークされたホテルのセルを左にスワイプして、ブックマークを解除します。
2. 結果が画面に反映されることを確認します。

27.7 セキュリティー

アプリケーションユーザー作成

アプリケーションへのユーザー登録は、Webアプリで実施します。

Webアプリ画面でユーザーを作成すると、そのユーザーの情報を持つドキュメントがCouchbase Serverに保存されます。

さらに、Webアプリは、Sync Gateway管理REST APIを用いて、同じユーザー名を持つSync Gatewayユーザーを登録します。Syng Gatewayユーザーは、Couchbase Serverの同期対象バケットの中のドキュメントとして管理されます。このドキュメントは、_sync:user:<ユーザー名>というドキュメントIDを持ちます。

演習: 新規ユーザー作成

1. ブラウザーでWebアプリを開きます。
2. 新しいユーザーを作成します。ユーザー名に「demo」、パスワードに「password」を入力して [Register] をクリックします。
3. Webアプリへログインしたことを確認します。
4. 次に、ブラウザーでCouchbase Server Web管理コンソールを開きます。
5. Web管理コンソールにログインします。ID/パスワードは次の通りです。:Administrator/password
6. サイドメニューの [Buckets] を選択します。「travel-sample」バケットの [Documents] リンクをクリックします。
7. [Document ID] というラベルの付いた入力欄に、「user::demo」と入力し、[Retrieve Docs] ボタンを押下します。
8. 検索されたドキュメントの表示を確認します。「username」プロパティーの値が「demo」であることを確認します。これはアプリケーションのユーザー情報です。
9. 次に、ドキュメントIDが「_sync:user:demo」のドキュメントを探します。これは、Sync Gatewayのユーザー情報です。

Sync Gateway パブリックREST API利用

作成したユーザーを利用して、Sync GatewayのパブリックREST APIを用いて、同期対象バケット (travel-sample)へのアクセスを確認します。

まず、ユーザー情報を指定せずに、次のコマンドを実行してみます。

```
$ curl -X GET http://localhost:4984/travel-sample/
```

次のようなエラーが返されることを確認します。

```
{"error":"Unauthorized","reason":"Login required"}
```

今度は、Sync Gatewayユーザーの情報を指定して、アクセスします。

authorizationヘッダの値は、先に作成したユーザーの情報である「demo:password」をbase64でエンコードした文字列を使用します。

たとえば、以下のように「<ユーザー>:<パスワード>」のbase64エンコード文字列を取得することができます。

```
$ echo -n "demo:password" | base64
ZGVtbzpwYXNzd29yZA==
```

以下のように、ヘッダーを指定してtravel-sampleバケットへのアクセスを確認します

```
$ curl -X GET http://localhost:4984/travel-sample/ \
  -H 'authorization: Basic ZGVtbzpwYXNzd29yZA=='
```

「travel-sample」データベースの詳細が表示され、「state」が「online」であることを確認します。以下、実施例です。

```
{"db_name":"travel-sample","update_seq":4,"committed_update_seq":4,"instance_sta
rt_time":1652662401534796,"compact_running":false,"purge_seq":0,"disk_format_ver
sion":0,"state":"Online","server_uuid":"7f951c93f14e327ffd82909948e43b57"}
```

27.8 クエリ

単純なクエリ

モバイルアプリには、データベースに対するクエリを実行している箇所が複数あります。まず単純なクエリについて見ていきます。

`com.couchbase.travelsample.searchflight`パッケージの`SearchFlightPresenter.java`を開きます。

`SearchFlightPresenter`の`startsWith(String prefix, String tag)`メソッドを確認します。

以下では、`type`プロパティーの値が「airport」であり、`airportname`プロパティーが指定された検索語(prefix)から始まるドキュメントを検索し、そのドキュメントの`airportname`プロパティーを取得するための`Query`を構築しています。

SearchFlightPresenter.java

```java
Query searchQuery = QueryBuilder
    .select(SelectResult.expression(Expression.property("airportname")))
    .from(DataSource.database(database))
    .where(
        Expression.property("type").equalTo(Expression.string("airport"))
```

```
        .and(Expression.property("airportname").like(Expression.string(prefix +
"%")))
    );
```

次に、Query の execute() メソッドを使用してクエリが実行されます。結果の各行には、airportname
プロパティーの値が含まれます。検索結果は、画面表示のために mSearchView の showAirports メ
ソッドに渡されます。

SearchFlightPresenter.java
```
ResultSet rows = null;
try {
    rows = searchQuery.execute();
} catch (CouchbaseLiteException e) {
    Log.e("app", "Failed to run query", e);
    mSearchView.displayError(e.toString());
    return;
}

List<String> data = new ArrayList<>();
for (Result row: rows) data.add(row.getString("airportname"));
mSearchView.showAirports(data, tag);
```

演習: 前方一致検索

1. モバイルアプリに「demo」ユーザーとして、パスワードに「password」を使い、ログインします。
2. 画面右下の飛行機のアイコンをタップします。
3. 遷移先画面で、画面左上の入力欄に「Detroit」と入力します。
4. 「Detroit」から始まる項目を持つドロップダウンリストが表示されることを確認します。

結合 (JOIN) クエリ

次に、結合 (JOIN) クエリについて見ていきます。

bookmarkedhotels タイプのドキュメントには、ブックマークされたホテルのドキュメント ID の
配列である hotels プロパティーが含まれています。

bookmarkedhotels ドキュメントの hotels プロパティー配列に含まれているドキュメントをフェッ
チするクエリを確認します。

BookmarksPresenter.java から、fetchBookmarks() メソッドを確認します。

まず、結合クエリの両側に対応するふたつのデータソースをインスタンス化しています。

BookmarksPresenter.java

```java
DataSource bookmarkDS = DataSource.database(database).as("bookmarkDS");
DataSource hotelsDS = DataSource.database(database).as("hotelDS");
```

次に、クエリ式記述を確認します。bookmarkデータソースのプロパティーhotelsと、hotelデータソースのドキュメントIDに対応するExpressionをインスタンス化しています。

BookmarksPresenter.java

```java
Expression hotelsExpr = Expression.property("hotels").from("bookmarkDS");
Expression hotelIdExpr = Meta.id.from("hotelDS");
```

さらに、ArrayFunction関数式を使用して、Meta.idがhotels配列内に含まれるドキュメントを検索する式を定義しています。
そして、結合式を定義しています。

BookmarksPresenter.java

```java
Expression joinExpr = ArrayFunction.contains(hotelsExpr, hotelIdExpr);
Join join = Join.join(hotelsDS).on(joinExpr);
```

定義した結合式を使用して、ブックマークドキュメントのhotels配列で参照されているすべてのホテルドキュメントを検索するクエリを定義しています。

BookmarksPresenter.java

```java
Expression typeExpr = Expression.property("type").from("bookmarkDS");

SelectResult bookmarkAllColumns = SelectResult.all().from("bookmarkDS");
SelectResult hotelsAllColumns = SelectResult.all().from("hotelDS");

Query query = QueryBuilder
    .select(bookmarkAllColumns, hotelsAllColumns)
    .from(bookmarkDS)
    .join(join)
    .where(typeExpr.equalTo(Expression.string("bookmarkedhotels")));
```

最後に、ビューを更新するためのリスナーを登録して、クエリを実行します。

```java
query.addChangeListener(new QueryChangeListener() {
    @Override
    public void changed(QueryChange change) {
        ResultSet rows = change.getRows();
```

```java
        List<Map<String, Object>> data = new ArrayList<>();
        Result row = null;
        while((row = rows.next()) != null) {
            Map<String, Object> properties = new HashMap<>();
            properties.put("name", row.getDictionary("hotelDS").getString("name
"));
            properties.put("address", row.getDictionary("hotelDS").getString("ad
dress"));
            properties.put("id", row.getDictionary("hotelDS").getString("id"));
            data.add(properties);
        }
        mBookmarksView.showBookmarks(data);
    }
});

try {
    query.execute();
} catch (CouchbaseLiteException e) {
    e.printStackTrace();
}
```

27.9 全文検索

FTSインデックス作成

全文検索(Full Text Search)を実行するには、FTSインデックスが作成されている必要があります。DatabaseManager の createFTSQueryIndex() メソッドを確認します。

以下のコードは、description プロパティーに対するFTSインデックスを作成します。

DatabaseManager.java

```java
private void createFTSQueryIndex() {
    try {
        database.createIndex("descFTSIndex", IndexBuilder.fullTextIndex(FullText
IndexItem.property("description")));
    }
    catch (CouchbaseLiteException e) {
        e.printStackTrace();
    }
}
```

FTSクエリ実行

次に、FTSクエリを確認します。

HotelsPresenterのqueryHotels(String location, String description)メソッドを確認します。

match()オペレーターを使って、FullTextExpressionを作成しています。

このmatch式は、複数の項目に対してlike比較を行う他のExpressionと、論理的にANDで結合されます。

結合された式は、クエリのWHERE句で使用されます。

HotelsPresenter.java

```java
pression descExp = FullTextFunction.match("descFTSIndex", description) ;
Expression locationExp = Expression.property("country")
    .like(Expression.string("%" + location + "%"))
    .or(Expression.property("city").like(Expression.string("%" + location +
"%")))
    .or(Expression.property("state").like(Expression.string("%" + location +
"%")))
    .or(Expression.property("address").like(Expression.string("%" + location +
"%")));

Expression searchExp = descExp.and(locationExp);

Query hotelSearchQuery = QueryBuilder
    .select(SelectResult.all())
    .from(DataSource.database(database))
    .where(
        Expression.property("type").equalTo(Expression.string("hotel"))
        .and(searchExp)
    );
```

上記のクエリを実行した結果（ResultSet）を、リスト(List<Map<String, Object>>)に変換して、ビュー(mHotelView)に渡しています。

HotelsPresenter.java

```java
ResultSet rows = null;
try {
    rows = hotelSearchQuery.execute();
} catch (CouchbaseLiteException e) {
    e.printStackTrace();
    return;
}
```

```
List<Map<String, Object>> data = new ArrayList<Map<String, Object>>();
Result row = null;
while((row = rows.next()) != null) {
    Map<String, Object> properties = new HashMap<String, Object>();
    properties.put("name", row.getDictionary("travel-sample").getString("name"));
    properties.put("address", row.getDictionary("travel-sample").getString("addr
ess"));
    data.add(properties);
}
mHotelView.showHotels(data);
```

演習: 曖昧検索

1. モバイルアプリにゲストユーザーとしてログインします。
2. モバイルアプリ画面右下のペットのアイコンをタップします。
3. 「Location」テキストフィールドに「London」と入力します。
4. 「Description」テキストフィールドに「pets」と入力します。
5. 「Novotel London West」がリストされていることを確認します。

27.10　レプリケーション

データルーティング定義

　Sync Gatewayはチャネルを使用して、ユーザー間でドキュメントを共有します。チャネル設定を行っているSync関数の内容を確認します。

　sync-gateway-config-travelsample.jsonファイルを開きます。

　"sync"属性にJavaScriptによる関数定義が含まれています。以下は、チャネル設定箇所の抜粋です。

sync-gateway-config-travelsample.json

```
/* Routing */
// Add doc to the user's channel.
channel("channel." + username);
```

共有バケットアクセス

　共有バケットアクセスを有効化することによって、モバイルアプリとWebアプリがCouchbase Serverの同じバケットに対して読み取りと書き込みを行うことができるようになります。

　この機能は、enable_shared_bucket_accessを「true」に設定することで有効にされます。

　関連するオプションとして、import_docsがあります。

sync-gateway-config-travelsample.json ファイルの該当箇所を確認します。

sync-gateway-config-travelsample.json

```
"databases": {
    "travel-sample": {
        "import_docs": "true",
        "bucket": "travel-sample",
        "server": "couchbases://cb-server",
        "enable_shared_bucket_access": true
```

　インポートフィルター機能を定義することにより、Sync Gatewayでインポートおよび処理する Couchbase Serverドキュメントを指定できます。このアプリでは、userドキュメントのみを同期します。他のすべてのドキュメントタイプは無視します。

sync-gateway-config-travelsample.json

```
function(doc) {
    /* Just ignore all the static travel-sample files */
    if (doc._deleted == true ) {
        return true;
    }
    if (doc.type == "landmark" || doc.type == "hotel" || doc.type == "airport" ||
doc.type =="airline" || doc.type == "route") {
        return false;
    }
    return true;
}
```

レプリケーション構成

　DatabaseManagerファイルのstartPushAndPullReplicationForCurrentUser(String username, String password)メソッドを確認します。

　ここでは、まず同期するSync Gatewayエンドポイントを指すURIオブジェクトを初期化しています。

DatabaseManager.java

```
URI url = null;
try {
    url = new URI(SGW_ENDPOINT);
} catch (URISyntaxException e) {
    e.printStackTrace();
}
```

次に、レプリケーション構成箇所を確認します。

ReplicatorConfigurationを、ローカルデータベースとSync Gatewayエンドポイントを指定して構築しています。

さらに、レプリケーションのタイプを指定しています。pushAndPullが用いられ、プッシュレプリケーションとプルレプリケーションの両方が有効になっていることを示しています。

また、continuousモードがtrueに設定されています。

DatabaseManager.java

```java
ReplicatorConfiguration config = new ReplicatorConfiguration(database, new
URLEndpoint(url));
config.setType(ReplicatorType.PUSH_AND_PULL);
config.setContinuous(true);
```

以下のように、認証資格情報が設定されています。

DatabaseManager.java

```java
config.setAuthenticator(new BasicAuthenticator(username, password.toCharArray()));
```

ここまで行った構成で、レプリケータを初期化しています。

DatabaseManager.java

```java
Replicator replicator = new Replicator(config);
```

レプリケーションの変更をリッスンするために、チェンジリスナーのコールバックブロックが登録されます。プッシュまたはプルの変更があるたびに、コールバックが呼び出されます。

DatabaseManager.java

```java
replicator.addChangeListener(new ReplicatorChangeListener() {
    @Override
    public void changed(ReplicatorChange change) {

        if (change.getReplicator().getStatus().getActivityLevel().equals(Replica
torActivityLevel.IDLE)) {

            Log.e("Replication Comp Log", "Schedular Completed");
        }
        if (change.getReplicator().getStatus().getActivityLevel()
            .equals(ReplicatorActivityLevel.STOPPED) || change.getReplicator().g
etStatus().getActivityLevel()
            .equals(ReplicatorActivityLevel.OFFLINE)) {
            // stopReplication();
```

```
            Log.e("Rep schedular  Log", "ReplicationTag Stopped");
        }
    }
});
```

最後に、レプリケーションを開始しています。

DatabaseManager.java
```
replicator.start();
```

演習: プッシュレプリケーション

1．モバイルアプリに「demo」ユーザーとしてパスワードに「password」を使い、ログインします。このユーザーは、Webアプリを介して作成されている必要があります。
2．モバイルアプリ画面右下の飛行機のアイコンをタップして、遷移先画面でフライトを予約します。すべての入力は初期値のままにしておきます。
3．[lookup] リンクをタップします。
4．フライトのリストから、最初のフライトリストを選択します。これにより、予約が行われます。
5．Webアプリにアクセスします。
6．「demo」ユーザーとして、パスワードに「password」を使い、Webアプリにログインします。
7．[Booked] タブをクリックし、予約済みのフライトのリスト画面に遷移します。
8．モバイルアプリで予約したフライトがWebアプリのフライトリストに表示されていることを確認します。

演習: プルレプリケーション

1．Webアプリにアクセスします。
2．「demo」ユーザーとしてパスワードに「password」を使い、Webアプリにログインします。
3．[Flights] タブをクリックしてフライトを予約します。
4．[From] に「Seattle」と入力し、ドロップダウンメニューから空港 (Seattle Tacoma Intl) を選択します。
5．[To] に「San Francisco」と入力し、ドロップダウンメニューから空港 (San Francisco Intl) を選択します。
6．[Leave] と [Return] を入力します (任意の日付を用いることが可能です)。
7．[Search] ボタンをクリックします。
8．[Outbound Flights] リストから、最初のフライトの「Add to Basket」ボタンをクリックします。
9．[Basketタブをクリックしてフライトのリストを表示し、「Buy」ボタンをクリックして予約を確定します。
１０．[Booked] タブをクリックします。確定済みのフライト予約が表示されます。
１１．モバイルアプリに、「demo」ユーザーとして、パスワードに「password」を使い、ログインします。
１２．モバイルアプリのフライトリストに、Webアプリで予約したフライトが表示されていることを確認します。

27.11　環境利用終了

コンテナ停止

Couchbase Server と Sync Gateway を停止するには、以下のコマンドを用います。

```
$ docker stop cb-server sync-gateway
```

　Webアプリケーションを停止するには、実行中のログが出力されているターミナルでCtrl+Cを入力します。

コンテナ削除

　以下のコマンドは、今回利用した全てのコンテナを削除します。

```
$ docker rm cb-server sync-gateway try-cb-python
```

コンテナイメージ削除

　以下のコマンドは、今回利用した全てのコンテナイメージを削除します。

```
$ docker rmi couchbase/server-sandbox:7.0.0 \
  couchbase/sync-gateway:3.0.0-enterprise \
  connectsv/try-cb-python-v2:6.5.0-server
```

第28章　開発の実践に向けて

　本書によって、Couchbase Mobileを使った開発について、基本的なイメージを掴むことができたと感じていただけたのなら幸いです。

　一方、当然のことながら、アプリケーション開発は、一冊の書籍で語り尽くせてしまえるものではありません。

　ここでは、さらに学習を進めるにあたって有益と思われる情報を紹介し、締め括りとしたいと思います。

28.1　コミュニティー

　Couchbase Dev Communityサイト[1]では、Couchbase開発者コミュニティーへ向けて、チュートリアルやベストプラクティス等、様々な情報提供が行われています。また、フォーラム[2]で、コミュニティーエディションに関する疑問について質問したり、過去に行われた質疑応答を検索したりすることができます。

28.2　無償オンライントレーニング

　Couchbase, Inc.が運営するCouchbase Academyでは、各種のトレーニングコースや認証資格が提供されています。自分のペースで受講することができる、Couchbase Mobileについての無償のオンライントレーニングとして、「CB040: Essentials of Couchbase Mobile and IoT[3]」が存在します。

　その他、AndroidやiOSを対象としたCouchbase Mobileのコースも存在します。提供されるコースは変化する可能性があります。Couchbase Academyのトップページ[4]から、ご確認ください。

28.3　ブログ

　本書中でもいくつかの記事を紹介しましたが、Couchbase Blog[5]には、アーキテクチャーの解説や、アプリケーション構築や操作の具体例、新機能の紹介など様々な記事が公開されています。

　ここでは、Couchbase Mobileに関する以下の記事を紹介します。

・Couchbase Mobile changes source code license to BSL 1.1[6]

1.https://developer.couchbase.com/

2.https://forums.couchbase.com/

3.https://learn.couchbase.com/store/404628-cb040-essentials-of-couchbase-mobile-and-iot

4.https://www.couchbase.com/academy

5.https://blog.couchbase.com/

6.https://blog.couchbase.com/couchbase-mobile-changes-source-code-license-to-bsl-1-1/

28.4　ドキュメント、APIリファレンス

　Couchbase LiteのドキュメントやAPIリファレンスについては、各プログラミング言語用のランディングページからアクセスできます。URLについては、すでに開発参考情報として紹介しているため、ここでは割愛します。

28.5　チュートリアル、サンプルアプリケーション

　Couchbaseチュートリアル(Couchbase Tutorials[7])から、モバイル開発者向けのチュートリアルを見つけることができます。また、Couchbase Labs GitHubリポジトリー[8]では、Couchbaseに関連する様々なプロジェクトが公開されており、Couchbase Mobileを使ったサンプルアプリケーションも含まれています。これらについて、すでにその中からいくつかを開発参考情報として紹介しています。

28.6　ソースコード

　Couchbaseは、様々なプロジェクトをオープンソースとして公開しており、ソースコードやIssue Trackerなどにアクセスすることができます。

　ここでは、Couchbase Lite Androidプロジェクトについて説明します。

Open Source Projects on Couchbase

　オープンソースプロジェクトのランディングページ(Open Source Projects on Couchbase[9])から現時点でリンクされているCouchbase Lite Androidプロジェクト(couchbase-lite-android[10])は、「This repository is deprecated as of Couchbase Lite v2.8.」とされており、別のプロジェクト(couchbase-lite-java-ce-root[11])へのリンクが掲載されています。

Couchbase Lite Java CE Root

　名称の違いにも表現されていますが、このプロジェクトは「About The root workspace for the Community Editions of the Java language family of products (Java Desktop, Java WebService, and Android)」とされています。

　このプロジェクト中には、「ce..」、「common...」、「core...」という名称のリンクが存在しています。「common...」という名称でリンクされているプロジェクト(couchbase-lite-java-common[12])、から、基本的なJavaのソースコードを参照することができます。

7.https://docs.couchbase.com/tutorials/index.html

8.https://github.com/couchbaselabs/

9.https://developer.couchbase.com/open-source-projects/

10.https://github.com/couchbase/couchbase-lite-android

11.https://github.com/couchbase/couchbase-lite-java-ce-root

12.https://github.com/couchbase/couchbase-lite-java-common

Couchbase Lite Java Common

　このプロジェクトは「Common code for the Java language family of products (Java Desktop, Java WebService, and Android)」とされています。

　ソースコードは、「common」、「android」、「java」等のフォルダーに分かれて格納されています。プラットフォームに依存しない大部分のソースコードについて、「common」以下を参照することになります。

　注意しなければならないところとしては、この「common」以下のパッケージの com.couchbase.lite パッケージに含まれるクラスのソースコードが格納されているパス[13]を確認したときに、ログ関連のクラスのようなプラットフォーム依存のクラスではないにもかかわらず、存在しないファイルがあることです。たとえば、AbstractReplicatorConfiguration.javaは存在しますが、ReplicatorConfiguration.javaは存在していません。このReplicatorConfiguration.javaファイルを確認するには、別のプロジェクト (couchbase-lite-java-ce[14]) にあたることになります。

Couchbase Lite Java CE

　このプロジェクトは、「Code for the Community edition of the Java language family of products (Java Desktop, Java WebService, and Android)」とされています。

　ReplicatorConfigurationや、Database、Function、IndexBuilderクラスのようなCE(コミュニティーエディション)とEE(エンタープライズエディション)で機能に差異があるクラスのソースコードが、このプロジェクトに含まれています。なおエンタープライズエディションのソースコードは一般に公開されていませんが、利用可能なクラスやメソッドについては、APIリファレンス[15]から参照可能です。

　APIリファレンスの内容と、このプロジェクトに格納されているソースコードの内容を対照することによって、クラスとメソッドのレベルで、コミュニティーエディションとエンタープライズエディションの機能差異を確認することができます。

13.https://github.com/couchbase/couchbase-lite-java-common/tree/android/release/3.0/common/main/java/com/couchbase/lite

14.https://github.com/couchbase/couchbase-lite-java-ce

15.https://docs.couchbase.com/mobile/3.0.0/couchbase-lite-android/

付録A　ピアツーピア同期

エンタープライズエディションで提供される機能から、独自のユースケースに対応する機能を紹介します。

Couchbase Lite のピアツーピア同期 (Data Sync Peer-to-Peer[1]) は、エッジデバイス間でデータの双方向同期を行うアプリケーションの開発を容易にします。

A.1　背景

ピアツーピア (Peer-to-peer/P2P[2]) という表現は、ピア (対等者) 同士が直接的に相対している、そのようなアーキテクチャーを示しています。これは、クライアントサーバーモデル[3]と対置される形で示されることが一般的です。

P2P通信の基本的な概念としては、あくまでコンピューター端末の役割について規定しているものであり、たとえばSkypeのようなサービスでP2Pアーキテクチャーが採用される場合、あるいはWinnyのようなファイル共有ソフトでP2Pネットワークが用いられる場合には、インターネット環境の利用を前提としていますが、モバイル/IoTに関連してP2Pが語られる際には、端末に備わっているWi-FiやBluetooth機能を利用した、オフライン環境での端末同士の直接的な通信というコンテクストで用いられるケースがみられます。そのようなアプリケーションのひとつに、FireChat[4]があります。

FireChatについては、香港のデモ参加者に利用された、あるいはイラク政府によるインターネット規制環境下で用いられたという報道で名前が知られたところがありますが、モバイルアプリにおけるP2P通信活用については、自然災害発生時のように通信インフラが不安定化している状況における連絡手段としても注目されています。

Couchbase Lite のピアツーピア同期も、そのようなオフライン環境での端末間での直接的な通信、この場合はローカルデータベース間のデータの同期、を実現するものです。

なお、モバイルアプリにおける上記のようなP2P通信機能と同時に、メッシュネットワーキング([5]) について触れられることが見られますが、Couchbase Lite のピアツーピア同期は、あくまでアクティブピアとパッシブピア間のデータ同期機能を提供するものであり、メッシュネットワークを実現する機能の設計・実装については、アプリケーションサイドの担当範囲となります。

---

1. https://docs.couchbase.com/couchbase-lite/current/android/p2psync-websocket.html
2. https://en.wikipedia.org/wiki/Peer-to-peer
3. https://en.wikipedia.org/wiki/Client%E2%80%93server_model
4. https://en.wikipedia.org/wiki/FireChat
5. https://en.wikipedia.org/wiki/Mesh_networking

A.2　概要

　Couchbase Lite のピアツーピア同期では、開発者が自身でピアツーピア同期を実装する場合と比べて、以下のような機能と利点を提供します。

- ・通信暗号化や認証を備えたセキュアな通信
- ・データ同期における競合発生時の自動競合解決
- ・ネットワーク障害、一時停止からのリカバリー
- ・デルタ同期による、ネットワーク帯域幅使用の最適化とデータ転送コスト削減

　Couchbase Lite のピアツーピア同期は、たとえば、Android と iOS のようなクロスプラットフォーム間の同期をサポートしています。

A.3　アーキテクチャー

　以下に、Couchbase Lite ピアツーピア同期の基本的なアーキテクチャーを示します。

図 A.1: Couchbase Lite ピアツーピア同期アーキテクチャー

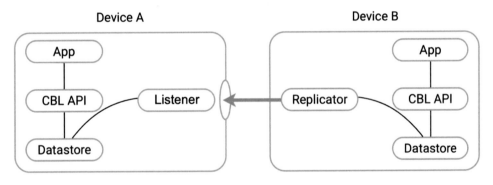

(図は、Couchbase ドキュメント Data Sync Peer-to-Peer より引用)

　このように、Couchbase Lite のピアツーピア同期は、リスナー(パッシブピア、またはサーバー)とレプリケーター(アクティブピア、またはクライアント)との間で実現されます。

開発参考情報

　iOS と Xamarin 用の具体的な実装について、以下のチュートリアルを参照することができます。

・Getting Started with Peer-to-Peer Sync on iOS[6]

6.https://docs.couchbase.com/tutorials/cbl-p2p-sync-websockets/swift/cbl-p2p-sync-websockets.html

・Getting Started with Peer-to-Peer Sync on Xamarin (UWP, iOS, and Android)[7]

7.https://docs.couchbase.com/tutorials/cbl-p2p-sync-websockets/dotnet/cbl-p2p-sync-websockets.html

付録B　予測クエリ

エンタープライズエディションで提供される機能から、独自のユースケースに対応する機能を紹介します。

Couchbase Lite は、予測クエリ (Predictive Query[1]) 機能を提供します。予測クエリについて、その登場の背景との関係を踏まえながら、紹介します。

B.1　背景

機械学習、深層学習の成果が実用化されるとき、多くの場合、そのサービスは、クラウドとのやりとりで実現されてきたといっていいでしょう。そのようなサービスの例として、たとえば、スマートスピーカーや、Web 上やデスクトップアプリケーションで提供される自動翻訳機能があります。このようなサービスは、データがクラウドに送られることで成立しています。一方、iPhone の Face ID での顔認識モデルは、端末上で実現されています。このような端末上での AI 機能は、エッジ AI といわれています。

エッジ AI の文脈において重要な要素として、セキュリティーやプライバシーの観点があります。

機械学習にはモデルの学習と推論の二面がありますが、学習済みのモデルを使った「推論」機能を、エッジ環境で提供することにより、データをサーバーへ送信する必要がなくなります。また、局所的な学習結果を連合 (Federate) してひとつのモデルを構築する、Federated Learning[2] のような、モデルの「学習」のためのテクノロジーも登場しています。

このようなニーズや背景を踏まえ、TensorFlow Lite[3] や PyTorch Mobile[4] のような、エッジ AI を実現するためのオープンソースのソフトウェアライブラリーが存在しています。また、iOS の CoreML[5] や、Android の Neural Networks API(NNAPI)[6] のような、プラットフォームサポートも登場しています。これらは、プラットフォーム固有の開発言語における機械学習の利用手段 (API) を提供するだけでなく、テンソル演算専用のチップセットの活用のように、ハードウェアレベルでの最適化についても実現できるようになっています。その意味では、ハードウェアにおける深層学習への対応の波が、モバイルや IoT の世界にも及んでいる、という背景が前提にあります。このような関係は、Google Coral[7] が提供するデバイスに搭載されている Edge TPU[8] と Tensor Flow との関係にも現れ

---

1. https://docs.couchbase.com/couchbase-lite/current/java/querybuilder.html#lbl-predquery

2. https://en.wikipedia.org/wiki/Federated_learning

3. https://tensorflow.google.cn/lite/guide

4. https://pytorch.org/mobile/home/

5. https://developer.apple.com/documentation/coreml

6. https://developer.android.com/ndk/guides/neuralnetworks

7. https://coral.ai/

8. https://cloud.google.com/edge-tpu

ています。

　さらには、Apache TVM[9]のように、TensorFlow, PyTorch他各種ディープラーニングフレームワークと、CPU、GPU他各種ハードウェアリソースを横断的にサポートし、モデルと実行時間の最適化を実現するテクノロジーも登場しており、最適化のターゲットとしてモバイルデバイスもカバーされています。

　Couchbase Liteの予測クエリは、エッジでの学習済みモデルを使った推論のためのものであり、このようなハードウェアおよびソフトウェアライブラリーの隆盛と本質的な関係があります。

B.2　機能

概要

　予測クエリを使うことで、Couchbase Liteデータベースに格納されたデータと機械学習モデルとを容易に組み合わせることができるようになります。

　予測クエリは、CoreMLやTensorFlow Lite、PyTorch Mobileのようなエッジデバイス上での機械学習モデルによる推論機能を提供するライブラリーと組み合わせて利用します。なお、予測クエリは、Android Java等、C言語以外の他のSDKでも利用できますが、Swift SDKでは、Core MLに準拠したAPIが提供されています。

　この機能により、Couchbase Liteデータベースのデータ(イメージデータや、テキスト、数値)へ機械学習モデルによる推論を適用する際に、データ個々に対してコードを記述する必要がなくなります。言い換えれば、データベースに対してモデルをアタッチすることで、データセットに対して推論結果を付与することが可能になります。

　予測クエリを実行するには、次の手順を実装します。

1．モデルを登録する
2．インデックスを作成する
3．予測クエリを実行する

　モデルを登録するには、PredictiveModelインターフェイスを実装したクラスのインスタンスを作成してデータベースに登録します。

位置づけ

　先に予測クエリで実現できることとして、「データベースに対してモデルをアタッチすることで、データセットに対して推論結果を付与する」と書きました。ここで、アタッチするモデルは特定の仕様に縛られるものではなく、実際には機械学習モデルを内部で利用している通常の関数を登録します。これにより、どのような実装とも組み合わせることのできる柔軟性を確保しています。一方、ここでアタッチするものが予測モデル＝推論関数であることは技術的には本質的ではなく、何らか

9.https://tvm.apache.org/

の任意の関数であっても成立するともいえます。

　このことを踏まえると、単に技術的実装面からの発想ではなく、エッジAIという具体的なニーズ(今後のモバイル・エッジ端末の機能としてさらに重要な部分を占めることになるであろうもの)への対応として、このような機能が登場したということが読み取れるのではないかと思います。

開発参考情報

　予測クエリについて、下記のようなリソースが参照可能です。

- Couchbase Blog: Machine Learning Predictions in Mobile Apps with Couchbase Lite Predictive Query[10]
- Couchbase Labs サンプルアプリケーション: PredictiveQueriesWithCouchbaseLite[11]
- API リファレンス: CoreMLPredictiveModel[12]

10.https://blog.couchbase.com/machine-learning-predictions-couchbase-lite-predictive-query/

11.https://github.com/couchbaselabs/couchbase-lite-predictive-query-examples

12.https://docs.couchbase.com/mobile/3.0.0/couchbase-lite-swift/Classes/CoreMLPredictiveModel.html

付録C　Couchbase Capella App Services

C.1　Couchbase Capella

概要

　Couchbase Capellaは、フルマネージドサービスとして、Couchbase Serverの機能を提供する、DBaaS(Data Base as a Service)です。

　下記のURLからサインアップすることができます。

https://cloud.couchbase.com/sign-up

C.2　App Services

　Couchbase CapellaのApp Servicesは、Couchbase Liteモバイル/IoTアプリケーションのためのバックエンド機能をフルマネージドサービスとして提供します。

開発参考情報

　Couchbase Capellaに関する、環境設定やチュートリアル、価格情報など、Couchbase Capellaドキュメントのランディングページ[1]からアクセスすることができます。

　App Servicesの詳細についても、ドキュメント[2]を参照ください。

　Caouchbase Capellaトライアルアカウントのサインアップから、App Servicesを使ってアプリケーションのバックエンドをセットアップし、アプリケーションをApp Service用に構成する一連の手順についても解説されています。[3]

1.https://docs.couchbase.com/cloud/index.html
2.https://docs.couchbase.com/cloud/app-services/index.html
3.https://docs.couchbase.com/cloud/get-started/configuring-app-services.html

著者紹介

河野 泰幸 (こうの よしゆき)

Webアプリケーションエンジニア、プロジェクトマネージャーを経て、ビジネスインテリジェンスや業務アプリケーション等、様々なソフトウェアの導入を支援するコンサルタントとして働く。近年は、機械学習等のデータ分析環境や、エンタープライズシステムのバックエンドとしてのデータプラットフォーム普及のために活動している。

◎本書スタッフ
アートディレクター/装丁：岡田章志＋GY
編集協力：山部 沙織
ディレクター：栗原 翔
表紙イラスト：Josh

技術の泉シリーズ・刊行によせて
技術者の知見のアウトプットである技術同人誌は、急速に認知度を高めています。インプレスR&Dは国内最大級の即売会「技術書典」(https://techbookfest.org/) で頒布された技術同人誌を底本とした商業書籍を2016年より刊行し、これらを中心とした『技術書典シリーズ』を展開してきました。2019年4月、より幅広い技術同人誌を対象とし、最新の知見を発信するために『技術の泉シリーズ』へリニューアルしました。今後は「技術書典」をはじめとした各種即売会や、勉強会・LT会などで頒布された技術同人誌を底本とした商業書籍を刊行し、技術同人誌の普及と発展に貢献することを目指します。エンジニアの"知の結晶"である技術同人誌の世界に、より多くの方が触れていただくきっかけになれば幸いです。

株式会社インプレスR&D
技術の泉シリーズ　編集長　山城 敬

●お断り
掲載したURLは2022年8月1日現在のものです。サイトの都合で変更されることがあります。また、電子版ではURLにハイパーリンクを設定していますが、端末やビューアー、リンク先のファイルタイプによっては表示されないことがあります。あらかじめご了承ください。
●本書の内容についてのお問い合わせ先
株式会社インプレスR&D　メール窓口
np-info@impress.co.jp
件名に『本書名』問い合わせ係」と明記してお送りください。
電話やFAX、郵便でのご質問にはお答えできません。返信までには、しばらくお時間をいただく場合があります。
なお、本書の範囲を超えるご質問にはお答えしかねますので、あらかじめご了承ください。
また、本書の内容についてはNextPublishingオフィシャルWebサイトにて情報を公開しております。
https://nextpublishing.jp/

●落丁・乱丁本はお手数ですが、インプレスカスタマーセンターまでお送りください。送料弊社負担に てお取り替え
させていただきます。但し、古書店で購入されたものについてはお取り替えできません。
■読者の窓口
インプレスカスタマーセンター
〒 101-0051
東京都千代田区神田神保町一丁目 105 番地
TEL 03-6837-5016 ／ FAX 03-6837-5023
info@impress.co.jp
■書店／販売店のご注文窓口
株式会社インプレス受注センター
TEL 048-449-8040 ／ FAX 048-449-8041

技術の泉シリーズ

エッジコンピューティング データプラットフォーム Couchbase Mobile ファーストステップガイド

2022年8月12日　初版発行Ver.1.0（PDF版）

著　者　河野 泰幸
編集人　山城 敬
企画・編集　合同会社技術の泉出版
発行人　井芹 昌信
発　行　株式会社インプレスR&D
　　　　〒101-0051
　　　　東京都千代田区神田神保町一丁目105番地
　　　　https://nextpublishing.jp/
発　売　株式会社インプレス
　　　　〒101-0051　東京都千代田区神田神保町一丁目105番地

印刷・製本　京葉流通倉庫株式会社
Printed in Japan

ISBN978-4-295-60086-2

NextPublishing®
●本書はNextPublishingメソッドによって発行されています。
NextPublishingメソッドは株式会社インプレスR&Dが開発した、電子書籍と印刷書籍を同時発行できる
デジタルファースト型の新出版方式です。https://nextpublishing.jp/